SHUISEXUE
GAILAN

# 水色学概览

## 《水色学概览》编写组

译、著：白　雁　崔廷伟　冯　炼　乐成峰
　　　　李忠平　潘晓驹　商少凌　唐军武
　　　　邢小罡　修　鹏　张运林

编　辑：李忠平

U0216878

厦门大学出版社
XIAMEN UNIVERSITY PRESS
国家一级出版社
全国百佳图书出版单位

**图书在版编目(CIP)数据**

水色学概览/《水色学概览》编写组译著. —厦门:厦门大学出版社,2019.4
ISBN 978-7-5615-7267-2

Ⅰ.①水… Ⅱ.①水… Ⅲ.①水色 Ⅳ.①P731.14

中国版本图书馆 CIP 数据核字(2018)第 289261 号

| | |
|---|---|
| **出 版 人** | 郑文礼 |
| **责任编辑** | 陈进才 |

**出版发行** 厦门大学出版社

| | |
|---|---|
| **社 址** | 厦门市软件园二期望海路 39 号 |
| **邮政编码** | 361008 |
| **总 编 办** | 0592-2182177　0592-2181406(传真) |
| **营销中心** | 0592-2184458　0592-2181365 |
| **网 址** | http://www.xmupress.com |
| **邮 箱** | xmup@xmupress.com |
| **印 刷** | 厦门市竞成印刷有限公司 |

| | |
|---|---|
| **开本** | 889 mm×1 194 mm　1/16 |
| **印张** | 8 |
| **字数** | 250 千字 |
| **版次** | 2019 年 4 月第 1 版 |
| **印次** | 2019 年 4 月第 1 次印刷 |
| **定价** | 99.00 元 |

本书如有印装质量问题请直接寄承印厂调换

厦门大学出版社
微信二维码

厦门大学出版社
微博二维码

# 序

2002 年 5 月 15 日，我国成功发射了第一颗海洋水色卫星（海洋一号 A 星），开启了中国海洋水色遥感的新天地。5 年之后，即 2007 年 4 月 11 日，第二颗海洋水色卫星（海洋一号 B 星）上天。而就在最近，即 2018 年 9 月 7 日，第三颗海洋水色卫星（海洋一号 C 星）又升空。随着一颗一颗海洋水色卫星的相继发射，越来越多的人在问："什么是水色？""为什么要遥感水色？""怎样应用水色？"恰逢此时，旨在回答这些问题的《水色学概览》一书破壳而出，与海洋一号 C 星"硬软"呼应，可喜可贺！

"水色学"（ocean color sciences）似乎是一个陌生的名称，但相信当你带着疑惑翻开此书，读毕，疑惑将烟消云散。水色学是一门研究海洋光学机理与模型、水色遥感原理与方法以及现场与遥感光学数据的处理、分析与应用的自然科学与信息工程科学相融合的交叉学科。通过"水色学"，"海洋光学"与"海洋遥感"两个"双胞胎"学科互联互通，互补互融，顺应了国际发展趋势。

李忠平博士发起编写倡议，召集了国内活跃于水色研究界的佼佼者，在国际水色协调工作委员会（International Ocean Color Coordinating Group, IOCCG）编写的系列报告第七辑（IOCCG Report #7）—— *Why Ocean Color? The Societal Benefits of Ocean-Color Technology* 的基础上，集众贤之能，承实践之上，总结国内外经验，挥笔撰书，言理论，论技术，摆范例，成就了《水色学概览》。该书包含 12 章，涵盖水色学的内涵（即海洋光学和水色遥感机理）和水色学的外延（即在海洋生物地球化学与全球变化研究、水环境监测等方面的作用）。该书的出版对水环境领域的学术研究、人才培养、科学管理都将具有十分重要的参考价值。其系统性地回答了关于水色的"三问"，令同住一个地球村的读者对海洋水色之妙、卫星遥感之炫恍然顿悟；亦如绽放在海洋遥感界的一朵水色科技之花，在中国海洋水色遥感的史册上留下浓墨重彩的一笔。

　　回首过往，30年前我初投入水色学领域之时，我国在该领域尚一片空白；而今日新月异，人才辈出，着实欣喜。未来的日子里，祝愿我们的水色学领域继续发扬光大，与国际同行携手比肩，甚而独领风骚！

　　寥寥数语，是以为序。

潘德炉

2018年12月

# 目录

# 第1章 水色学总论

唐军武[1]  张运林[2]

1 青岛海洋科学与技术国家实验室

2 中国科学院南京地理与湖泊研究所,湖泊与环境国家重点实验室

## 1.1 背景与范畴

水,生命之本,占人体质量的 70% 左右,地球表面约 71% 被水覆盖!碧玉般的湖水,总是惹人喜爱;蔚蓝色的大海,每每引人遐想。可是,很少人会思考,我们眼中所见水的颜色,何以时而碧绿时而蔚蓝?遑论日日用的一盆盆清透的水,全然是没有颜色的。当然,好奇的孩子们第一次来到蓝蓝的大海边,往往会问:"海水为什么是蓝色的?"倘若来到的是一个人流如织、渡船穿梭的海湾,孩子们或许会一脸的失望:"为什么这里的海不是蓝色的?"

事实上,引起海洋表面颜色变化或者异常的原因有很多,比如天空光的变化能改变我们眼睛所看到的海水的颜色,水体中的泥沙使得海水呈棕色,水体中的藻类使其呈绿色,等等。然而人们希望看到海水呈现蓝色,一旦海洋不是我们所熟悉的蓝色,担忧就开始了。

尽管人们不知道导致海水颜色变化的物理、化学原因,但大多数人知道(海)水的颜色与其中的物质和生物体直接相关,能直观地感受到水质的好坏。尽管人们可能不知道遥感影像是怎样产生的,但来自海洋水色传感器的影像已经被媒体用来说明异常事件,如沙尘暴、飓风、火灾、雾霾等,因而人们可能对海洋水色图像已有所了解。这些影像也可以解译出与海洋直接相关的事件,如赤潮(图1.1)或洪水引起的

图 1.1　2007 年 2 月 23 日南非福尔斯湾沟鞭藻 (*Gonyaulax polygramma*) 暴发
(图片来自 Pitcher et al., 2008)

部分内容源自 IOCCG Report #7 第 2 章。

泥沙输入。人们或许从未见过海洋的色彩图像，但大多数人都明白赤潮或其他事件产生的不同颜色意味着海洋中的某种东西与海洋常态的不协调。

由于浮游植物、悬浮泥沙及溶解物能够吸收和（或）散射来自太阳系统，特别是可见波长范围内的自然光，因此会对水下光场及穿越水气界面的向上辐亮度光谱产生深刻的影响。这个辐亮度的强度及其随波长的变化可以由辐射计或类似仪器测量，研究该技术的学科称为辐射度学（radiometry）。因此，通过分析这一光谱的变化能够感知水中及水下的成分，并由此衍生出"水色学"。

水色学（ocean color sciences）是一门研究海洋光学机理与模型、水色遥感原理与方法以及现场与遥感光学数据的处理、分析与应用的自然科学与信息工程科学相融合的交叉学科。由于"海洋光学"与"海洋（水色）遥感"两者既有重叠又互不包含，因此通过"水色学"的概念将其融合与统一，既符合两个学科内在的研究需求，也符合目前国际上的发展趋势。水色学的内涵包括海洋光学与水色遥感的所有研究内容，是光学、遥感科学以及海洋学与湖泊学的交叉学科（图 1.2）。它所涉及的学科（代码）包括海洋物理学（D0602）、海洋光学（F051105）、海洋信息获取与处理（F011310）、水色与水质光学信息获取与处理（F051103），以及海洋遥感（D0610）等。水色学的外延则涵盖"环境监测"与"海洋科学"两个方面：环境监测方面具体体现在水质环境监测、灾害监测、浅水地形监测以及渔业与生态资源监测及评估等；海洋科学方面具体体现在海洋碳循环、海洋物理生态耦合与模拟预测以及气候变化下的海洋生态响应等。它所涉及的学科（代码）包括海洋监测与调查技术（D0607）、海洋环境科学（D0608）、生物海洋学与海洋生物资源（D0609）、遥感机理与方法（D0106）、遥感信息分析与应用（D010702）等。

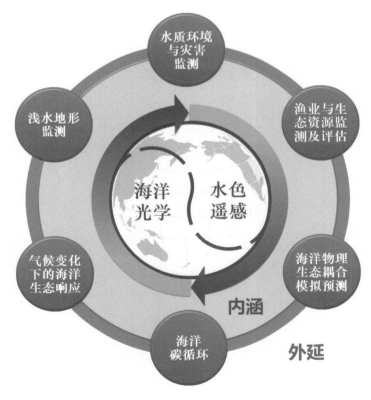

图 1.2　水色学的内涵与外延

## 1.2　海洋光学与水色遥感

海洋光学（ocean optics 或 marine optics）是研究光在海洋（水体）及其相邻介质与界面中传输规律的理论和技术的统称，是海洋物理的分支之一，也是传统光学中辐射度学在环境方面的应用之一。海洋光学是水色学、水色遥感的基础，水色遥感又在很大程度上推动了海洋光学的发展。由于大洋水体的光学特性主要由浮游植物决定，因此人们早期也常常在不同的场合将海洋光学称为海洋生物光学（bio-optics）。

海洋光学的第一种仪器，一般认为是目前依然在广泛使用的塞克盘（Secchi disk），其"定量"测量水体透明度的历史已有 150 年以上，但近些年才给出其科学合理的分析模型（Lee et al., 2015）。海洋光学理论体系的建立，一般认为是在 1976 年 Nils G. Jerlov 的经典著作 *Marine Optics* 和 1976 年 Rudolph W. Preisendorfer 六卷本 *Hydrologic Optics* 上完成的；20 世纪 90 年代中期，Curtis Mobley（1994）的 *Light and Water: Radiative Transfer in Natural Waters* 和 John Kirk（1994）的 *Light and Photosynthesis in Aquatic Ecosystems* 是较完备的海洋或自然水体光学理论体系形成的标志。而透过大气进行水色遥感的开创性理论与技术实践工作由 Austin（1974）等人开始；海洋光学、水色理论与遥感器、现场光学仪器的高精度结合与系统性工作，由 Howard R. Gordon、Denis K. Clark、Andre Morel 等（1983）在第一代水色卫星遥感——CZCS（Coastal Zone Color Scanner，1978—1986）计划中实现。这个阶段工作的总结可参见 Gordon and Morel（1983）的文献。

受第二代水色遥感——主要是 SeaWiFS、MODIS 和 MERIS 三大计划以及海洋水质生态环境观测、探测需求的推动，海洋光学仪器设备从 20 世纪 90 年代开始快速发展。著名的固有光学（inherent optic properties，IOP）测量仪器，如美国 Wetlabs AC9、Hydrolabs HS-6，表观光学（apparent optic properties，AOP）测量仪器，如美国 BioSpherical PRR、加拿大 Satlantic SPMR/SMSR 等在 20 世纪 90 年代出现，伴随现场叶绿素荧光、实验室光度计、高效液相色谱（high performance liquid chromatography，HPLC）等测量手段的日益成熟，为后续海洋光学的发展及水色遥感的半分析算法研究、数据产品的定标检验等奠定了扎实的技术基础。

利用卫星遥感开展水色辐亮度测量已有 40 余年的历史，相关文献在 20 世纪 70 年代就有报道（Hovis and Leung, 1977）。但专门的水色卫星平台很少，多数是搭载有水色传感器的多传感器卫星平台，如美国的 NIMBUS-7、EOS-AM/PM，欧洲空间局的 ENVISAT，日本的 ADEOS 等，其卫星上分别载有沿岸带水色扫描仪（CZCS）、中分辨率成像光谱仪（moderate-resolution imaging spectroradiometer，MODIS）（其 36 个通道中只有 9 个是为水色遥感专门设计的），（欧洲）中分辨率成像光谱仪（medium resolution imaging spectrometer，MERIS）和 Sentinel，（日本）海洋水色水温扫描仪（ocean color and temperature scanner，OCTS）等水色遥感器。我国也先后成功发射 HY-1A、HY-1B、HY-1C 水色遥感卫星。

然而，在整合遥感数据和长时间序列的实测数据时，遥感数据的精度依然是主要问题之一。每个卫星数据都有其自身的特点，对于海洋水色卫星而言，问题更为严峻，即使如甚高分辨率辐射计（advanced very high resolution radiometer，AVHRR）这样的仪器也不例外。特别是任何一个传感器的观测寿命都是有限的，因此需要对不同传感器的水色产品进行连接来获得针对大洋的长时间序列产品，而如何准确地同化不同传感器的产品是一个巨大挑战。基于 CZCS 遥感数据，科学家获取了1978—1986 年世界各大洋叶绿素浓度的变化趋势（Antoine et al.，2005；Gregg et al.，2002）。美国航空航天局（National Aeronautics and Space Administration，NASA）曾专项资助以确定是否可以通过仿真的方法对 CZCS 和 OCTS 数据进行再处理后使其具有可比性。而研究结果发现，由于传感器性能和工作条件的差异，将不同的遥感数据集连接起来非常困难。另一个合并的数据集是全球多参数数据集（ESA DUE GlobColour, http://www.globcolour.info），它是 SeaWiFS、MERIS 和 MODIS 数据的集合。对不同传感器数据的整合不仅提高了观测时间的长度，而且增加了观测空间的广度，特别是利用 3 个传感器数据的同化可以确保每天对海洋区域的覆盖超过 30%（IOCCG，1999）。

水色测量与分析是地球观测中的重要环节。整个海洋上层以叶绿素浓度为表征的浮游植物的大面积分布，通过水色学可在短时间内获得具有一定准确度和精度的数据，这已是不容置疑的事实。水色学的研究结果革命性地改变了生物海洋学领域，并且已经为生物地球化学、物理海洋学、海洋系统模式、海洋渔业、海岸带管理等方面做出了重要贡献。水色学技术以相对低廉的投资获得了极高的回报。特别是与那些当今突出的气候变化相关问题一样，水色学的技术特征决定了它是全球范围的。更进一步地说，水色是我们进入全球范围海洋生态系统研究领域的唯一技术窗口，而要研究海洋生态系统的大面积宏观状态和动态过程，从水色遥感的浮游植物分布着手是一个合乎逻辑的开端。水色学已经为快速发展的业务化海洋观测和研究做出了有效的贡献。但水色学涵盖的相关研究依然年轻，其研究活动的开展必须得到进一步鼓励和支持，否则其科学创新与发展会停滞，进而阻碍我们对湖泊、海洋和地球系统的观测和认知。

## 1.3 水色遥感数据的应用例子

### 1.3.1 资源及生态环境监测

通过分析水色辐亮度光谱得到的一个重要参数是海洋和湖泊中的叶绿素浓度——一个浮游植物生物量的指标。在水生态系统中，浮游植物是一个关键性的生态参数：它将无机二氧化碳（$CO_2$）转化为有机碳，维持生态系统中其他更高级生命体的生存。简而言之，水色量化了海洋食物链的基础部分。海洋水色数据也可以用于分析近岸环境对水体水质的影响，如悬浮物的输移、营养盐的垂直传输引起的藻类暴发（图 1.3）等。利用 MODIS 的 250 m 和 500 m 分辨率波段对蓝藻（*Cyanobacteria*）暴发的发生发展过程进行监测，表明该数据在近岸或湖泊监测蓝藻暴发的适用性（Hu et al.，2010a），其结果对水产养殖业也具有重要的意义。

深海捕鱼船可以通过订购商业服务公司提供的寻鱼系统或产品来提高他们的捕鱼效率。这样的寻鱼系统是基于遥感监测的叶绿素浓度和水表温度数据、风速风向数据以及判断方法来预测鱼群位置的。潜水队也希望利用遥感数据来判断水体是否足够清澈和安全。海上油气平台同样需要参考遥感数据、水表温度数据、海平面高度数据等来监测海洋状况。在更大的范围内，利用卫星数据得到的叶绿素浓度和水表温度数据，印度已经建立了一套科学指标体系指导近 600 万渔民寻找潜在捕鱼区位置。此外，海洋水色数据也可以用来观察海洋漏油事件及其对海洋生态系统的影响，为生态系统的补救和恢复提供科学依据。

图 1.3　2004 年 5 月 16 日 MODIS-Aqua 获得的法国比斯开湾（Bay of Biscay）发生的可能由
颗石藻（*Coccolithophorids*）引起的浮游植物藻华
（图片来自 Jeff Schmaltz, MODIS Rapid Response Team, NASA/GSFC）

海洋水色辐射数据已经被广泛地用于监测海洋中一些珍贵动物的生活环境和条件。例如，鲸鱼、海豚、鳍等的分布，企鹅和海龟的运动与迁移，均直接或间接地与叶绿素浓度或海表状况相关。在白令海，研究发现鲸鱼的位置与水体的清澈度有关（Tynan, 1998）；而被标记的海龟在夏威夷北部的觅食路线是一条明显的叶绿素带（Polovina et al., 2001）；凯尔格伦岛（Kyle Glen Island）的海象被发现集中分布在叶绿素浓度高的地区（Guinet et al., 2001）。

康奈尔大学创建的露脊鲸保护系统采用海洋水色以及其他遥感数据来预测桡足类红鳍哲鱼（鲸类的主要食物物种）的空间分布（Clapham，2004）；在墨西哥湾北部，通过海洋水色数据以及原位数据发现抹香鲸的分布与环流涡流显著相关（Biggs et al.，2005）；在春天，抹香鲸经常出现在叶绿素浓度高的地方（Moore et al.，2002）。另外一项在加拉帕戈斯（Galapagos）群岛周围的研究则结合海表高度和海洋水色数据来确定海豚可能觅食的区域，结果表明海豚集中在群岛西侧（Palacios，2010）。

海洋水色数据也被广泛应用于监测和量化海洋悬浮物浓度的分布（图1.4），并观察悬浮物输移引起的底部地形变化。悬浮物可以改变航道的走向或者降低运输渠道的深度，因此航道或港口附近悬浮物的分布及输运备受关注。SeaWiFS、MODIS和MERIS水色遥感数据已经被广泛用于港口、河道悬浮物浓度输移研究（Lahet and Stramski，2010；Teodoro et al.，2009；Zhang et al.，2016）。

图1.4　MERIS遥感影像获得的2003年11月8号孟加拉海岸线及恒河（Ganges River）泥沙入海分布
（图片来自于欧洲太空局）

此外，准确了解海底水深和地形在军事应用和海岸带管理中都具有十分重要的意义。Landsat等光学卫星数据已被广泛应用于浅海、海湾和河流水下地形探测（Feurer et al.，2008；Lyzenga，1978）。水体和底部的光学特征分析对于港口保护、海水物质的变化监测以及水体清晰度的反演都具有重要作用（Carder et al.，2003）。

## 1.3.2　气候变化响应与适应

全球都在关注气候变化以及人类活动对当前和未来气候变化的影响，而海洋水色数据在理解海洋生态系统对气候变化的响应和适应上是不可或缺的。尽管海洋水色传感器采集的数据大多为中等空间分辨率（1~10 km），但它能够为天气系统提供大尺度空间视角，并且能够有效监测重大气候事件对海洋环境的影响，尤其是台风和飓风过程能在海洋水色影像上留下明显的痕迹。飓风的观测揭示了它们与海洋环境相互作用的过程：高风速的飓风搅动水柱，把有色可溶性有机物和营养物质带到水面，在遥感影像上表现为有别于其他水体的颜色特征（Hoge and Lyon，2002；Shi and Wang，2007），当飓风到达海岸时，由飓风引起的再悬浮携带大量颗粒物到开阔海域（Acker et al.，2002）；飓风引起的强降雨形成洪水，导致大量陆源物质进入海洋，影响近岸生态系统。除了飓风，其他影响较大的气候现象，如暴风雨和风暴同样会引起颗粒物的再悬浮，形成洪水，显著提升海洋水体悬浮物浓度并转移到它处（Mertes and Warrick，2001）。

　　尽管天气变化只在短时间内影响海洋，但是气候变化对海洋生态环境的影响可以长达数月甚至数年。一个早期的例子是用遥感数据来观测出现在 1982—1983 年的气候变化和海洋相互作用过程（Feldman et al.，1984）。研究者发现 CZCS 记录到了海洋生物对厄尔尼诺现象的响应。CZCS 数据显示，在厄尔尼诺期间，赤道附近，尤其是加拉帕戈斯（Galapagos）群岛附近的水域，浮游植物色素浓度明显降低。此观测证实，厄尔尼诺现象显著地改变了太平洋水生生物的生长。1997 年 9 月发射的 SeaWiFS 卫星也恰巧捕捉到另一个重要的厄尔尼诺事件，该过程的强度在 1997 年 11 月到 1998 年 5 月达到最大。SeaWiFS 的连续观测发现，1998 年 6—7 月赤道附近叶绿素浓度增加，该区域的生物活动则显著增加（Chavez et al.，1998）（图 1.5）。另外，从厄尔尼诺到拉尼娜期间，海洋系统对碳的吸收发生了重大改变（Behrenfeld et al.，2001）。当然，海面高度数据、海温数据、海面风数据同海洋水色数据一样都是遥感数据，它们是科学家用来诊断太平洋年代际振荡、北大西洋涛动和北极振荡发生原因的重要数据来源。基于不断积累的大数据和对动态过程的认知，科学家期望通过这些事件来探索全球气候变化的奥秘。

图 1.5　1997—1998 年厄尔尼诺年太平洋 SeaWiFS 影像，其间赤道地区的浮游植物活动显著减少（上图），在紧接着的拉尼娜期间赤道附近浮游植物活动显著增加（下图）

（图片来自 SeaWiFS Project，NASA/Goddard Space Flight Center and GeoEye）

### 1.3.3 灾害与生态系统预测预警

基于海洋水色数据的生态预测是环境研究的一个重点。将影像数据用于预测预报模型的例子有很多，其中墨西哥湾赤潮预测预报系统是这类应用的一个早期例子（Tomlinson et al., 2004）。耦合水色数据和水动力模型、蓝藻水华迁移堆积模型也被应用于内陆湖泊蓝藻水华监测和预测预警（Qin et al., 2015）。海洋水色数据非常适合检测汇聚区和海洋锋面，影像数据还可以用于预测水母和虹吸体的运动，如葡萄牙战舰水母和澳大利亚的致命箱水母。美国国家海洋和大气管理局（National Oceanic and Atmospheric Administration, NOAA）基于海荨麻（*Chrysaora quinquecirrha*）分布与盐度、海表温度的关系，为切萨皮克湾（Chesapeake Bay）研发并实施了海荨麻预测系统（Decker et al., 2007）。类似的系统包括基于海洋水色数据构建的水色特征与螫刺和（或）有毒物质的潜在发生面积的关系。

水中细菌含量高，海滩和沿海地区极容易遭受其危害。这种情况也可能由大量雨水和污水排放引起，并可能导致相关的蓝藻暴发（图 1.6）。此外，通过食用海产品或者在水中作业，大量的细菌可能导致胃肠道疾病。对此，海洋水色数据可用于监测水质和水体透明度状况（Chen et al., 2007b; Hu et al., 2004），也可用于对水质变化的短期预测，从而辅助有关人员为了公共安全决定是否关闭沙滩等场所。

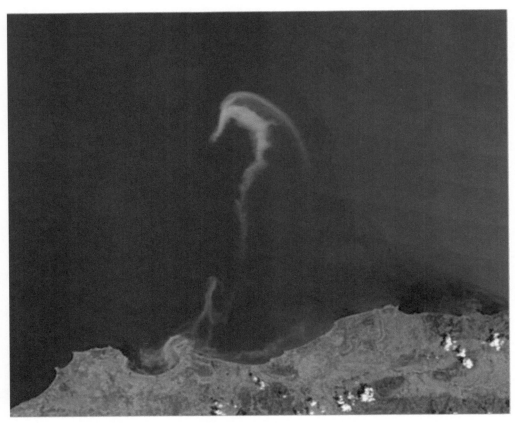

图 1.6　MODIS-Aqua 2003 年 8 月 12 日获得的地中海非洲沿岸海域高亮特征图片（成像时间为阿尔及尔城市特大暴雨后的几天，图中特征成因包括因摄取径流羽营养盐而暴发的浮游植物、城市污水和悬浮泥沙）

（图片来自 Jacques Descloitres, MODIS Rapid Response Team, NASA/GSFC）

有研究显示，霍乱的暴发与浮游植物的疯狂生长显著相关（Colwell，1996）。基于这种关系，海洋水色数据在霍乱暴发时期被用于研究霍乱地区的陆地和水生生态系统之间的联系（Lobitz et al.，2000），以期确定气候与霍乱等传染性疾病之间的关系，进而预测未来几十年里气候变化对疾病进展和传播的影响。

### 1.3.4　航运与油气开发

使用海洋水色数据的领域还包括商业运输和油气开发。对于大众而言，这种服务或许是看不见的，但是它对我们的日常生活和全球经济活动十分重要。油气海上钻井平台通常结合多种数据类型，如海表温度、海水深度以及海洋水色数据，对海洋状况进行分析，从而评估船舶和钻井的运营、维护的可能性（Leifer et al.，2012）。有效利用各种遥感数据不仅能避免不必要的延误，还能节省资金和时间，降低人员和设备的风险。

许多航运公司还利用海洋水色和海表温度数据辅助导航，以节省燃料并避开潜在的危险区域。一个典型的事件是：2001—2002 年沃尔沃环球帆船赛期间，世界各地的帆船赛参赛船员都通过海洋水色和海表温度来绘制最快的路线（IOCCG，2001）。对于每艘参赛的游艇，为了回馈企业的慷慨赞助，通过分析遥感数据获得即使很小的速度优势也是其赢得比赛的重要手段。

### 1.3.5　公众知识传播

上述例子主要用来说明水色数据在公众直接或间接利用海洋资源诸多方面的应用。另外一个日益重要的方面是，水色将在海洋学和地球科学教育中起到重要作用。例如，SeaWiFS 数据分析工具（SeaDAS）（Fu et al.，1998）、戈达德地球科学数据与信息服务中心（Goddard Earth Sciences Data and Information Services Center，GESDISC）的交互式在线可视化与分析基础软件工具（interactive online visualization and analysis infrastructure，"Giovanni"）（Acker and Leptoukh，2007），以及自然资源部第二海洋研究所和浙江大学开发的 Marine Satellite Data Online Analysis Platform-SatCO2（www.satco2.com）（Zhang and Bai，2018），为学生们利用真实数据了解海洋环境、开展研究提供了途径。这些工具，结合更加简单的针对专题研究的数据存取与获取方法，为教育界提供了更加广泛的课堂教育和研究实践机会。同时，这些工具打开了之前被封闭的知识之窗，可让学生更好地了解基本的海洋过程，指导学生了解科学家是如何利用这些数据获得对海洋过程和物理—生物之间内在关系的认知。在这些工具的基础上，科学工作者们创建了统一格式的涵盖数十年观测的多任务的数据集，以更加有助于简化数据存取，发现那些短期数据无法体现的长期关系或趋势。同时，本科生或高中生在课堂中使用这些数据进行探索发现，促使公众（学生家长）也接触到这些数据，进而科学界和国际社会也将日益增强对水色数据价值的普遍性认识。

## 1.4 小 结

　　水色学既是一门新兴的学科，也包含很多传统学科的成分。因其对全球水环境的独特视角及大尺度同步观测能力，水色遥感成为环境监测及展现全球气候变化下海洋生物的反馈和作用（动力生态学）的重要手段。随着技术的革新和进步，我们相信水色学将不断发展，并为研究、利用、保护我们赖以生存的地球系统做出更大的贡献。

# 第2章　水色学基本参数

张运林

中国科学院南京地理与湖泊研究所,湖泊与环境国家重点实验室

水色遥感的首要目标是通过卫星遥感影像获取高精度的水体离水辐亮度或遥感反射率等光学特性,然后通过反演其光谱获得水体的水色要素及关联物的浓度参数(或者浅水的地形参数等),最终为水环境与水生态的监测、分类、评价与预测预警以及气候变化的研究等服务。因此,水色学基本参数可以从辐射度学、水体光学特性、遥感可监测指标和水体光学分类4个方面加以区分和总结。此外,为全面了解水色学研究的基本问题、热点及演化趋势,以下借鉴文献计量学方法对领域内发表的SCI论文关键词进行了简单的梳理。

在 Web of Science 核心数据库中以 TS =( "optical property*" or absorption or scattering or attenuation or reflectance )、TS = "remote sensing" 和 TS =( ocean* or lake* or reservoir* or estuary* or coast* or river* or water* )为检索策略,表征水色学的主要研究主题,总共检索到 7148 篇论文( 截至 2018 年 11 月 9 日 ),然后利用 CiteSpace 软件对论文关键词进行分析,以较为全面掌握该领域研究主题和热点。图 2.1 所示是水色学中前 50 个关键词的共现关系图,其中每个节点代表一个关键词,如果两个关键词在同一篇文献中出现,则这两个节点之间就存在一条连线,线的权重等于两个关键词共现的次数。由图 2.1 可见,水色( ocean color )、叶绿素 a( chlorophyll-a )、高光谱( hyperspectral )、光学参数( optical properties )、浮游植物( phytoplankton )、初级生产力( primary production )、水质( water quality )、悬浮物( suspended particulate matter, SPM )、有色溶解有机物( chromophoric dissolved organic material, CDOM )等是水色学的主要关注点。本章则对水色学的基本参数、指标和分类系统做简单描述。

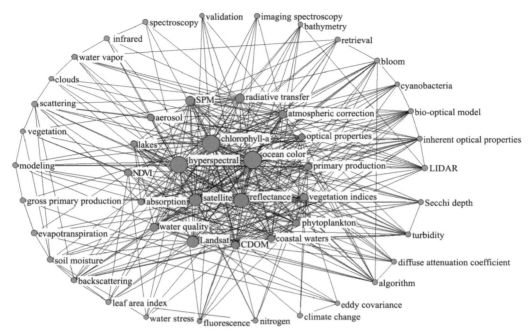

图 2.1　水色学论文关键词共现关系

圆圈大小体现关键词出现频次，红色圆圈代表出现频次 ≥ 100；浅绿色代表出现频次 <100。线的粗细体现两个关键词共现次数的多少，黑色线条代表 2< 共现次数 ≤ 15；蓝色线条代表 15< 共现次数 ≤ 30；红色线条代表共现次数 >30

## 2.1　辐射度学参数

### 2.1.1　辐照度

单位面积接收到的辐射通量称为该处的辐照度（通常用英文字母 $E$ 表示）。水色学中有以下辐照度参数：大气层外太阳辐照度、海面入射辐照度（或海面下行辐照度）、刚好处于水表面以下的辐照度、水体剖面下行/上行（或者向下/向上）辐照度、天空漫射辐照度、太阳直射辐照度等。

辐照度是水体中光能分布的关键参数。通过光谱仪可以测定不同波长的直射太阳辐照度（在大气层外时）、天空漫射辐照度等。海表面波动的影响，致使刚好处于水表面以下（0⁻ m）深度难以直接测量，所以通常用某一深度处的值，或更一般地用某一层水体的值外推出 0⁻ 深度的值，或测量水面上的值后利用辐射传递模型推算出 0⁻ 深度的值。

### 2.1.2　辐亮度（辐射率）

单位投影面积、单位立体角上的辐射通量称为辐亮度或辐射率（通常用英文字母 $L$ 表示）。水色学中有以下辐亮度参数：水体中（包括刚好在水表面下）在某一方向的下行/上行辐亮度、离水辐亮度、归一化离水辐亮度等。利用便携式瞬态光谱仪，通过对辐亮度的测定可以进一步导出离水辐亮度、归一化离水辐亮度等参数。

## 2.2　水体光学特性参数

水色学的核心是研究光在水体中的吸收、散射、衰减特性和辐射传输规律。从水光学和易操作角度分类,影响光辐射在水体内传输分布的成分主要有 4 种,分别是纯(海)水、有色溶解有机物、浮游植物和非色素颗粒物。浮游植物和非色素颗粒物又统称颗粒物,而有色溶解有机物和非色素颗粒物由于其光谱吸收形状比较一致,在海洋光学研究中常又一起被称为有色碎屑物。

### 2.2.1　吸收系数

吸收系数表征某一物质对光的吸收能力,可以通过分光光度计在实验室测定或者通过吸收系数测量仪在现场测定。总吸收系数可线性分解为纯(海)水、有色溶解有机物、浮游植物和非色素颗粒物的吸收系数,其中纯(海)水的吸收系数近似为常数;有色溶解有机物的吸收光谱从紫外到可见光随波长的增加大致呈指数下降;而浮游植物的吸收光谱则主要表现出有两个吸收峰,大约分布在440 nm 和 675 nm 处;非色素颗粒物的吸收光谱与有色溶解有机物类似,从紫外到可见光随波长的增加大致呈指数下降。吸收系数是生物光学遥感建模的关键参数。同时,通过解析不同光学物质的吸收特性可以推导其浓度及组成变化( Carder et al., 1999;Sathyendranath et al., 1989 )。

### 2.2.2　散射系数

散射是指电磁波通过某一介质时其能量偏离原来传播方向而以一定规律向其他方向传播的过程;散射系数则用来描述该介质对辐射通量总的散射作用强弱,包括前向散射系数和后向散射系数。对于水色学,后向散射系数与离水辐亮度或遥感反射率的关系更为紧密,是水色遥感生物光学模型的关键参数之一( Gordon et al., 1975 )。目前获取水体后向散射系数的方法主要有两种:①通过瑞利( Rayleigh )或者米( Mie )散射理论进行计算;②使用光学仪器对样品进行测量。相应的后向散射系数测量仪器不断涌现,测量波长也在不断增加。

由于吸收和散射系数与外界环境光场无关,因此它们属于固有光学特性参数( Preisendorfer,1976 )。

### 2.2.3　体积散射函数( 散射相函数 )

光束经介质散射后并不分布在一个特定的角度,而是分布在整个立体的球面空间,并且这一分布状态与物质特性相关,因此详细描述介质散射特征的参数称为体积散射函数,或者散射相函数( Preisendorfer, 1976 )。该参数描述各散射角的散射强弱,其在后向的积分则给出后向的散射系数,而对全方位角的积分则给出总的散射系数。

### 2.2.4　光束衰减系数

由于一束光穿过某一介质时其能量可能既被介质的吸收影响，也可能被其散射影响，因此介质导致的对该光束的总衰减是吸收与散射之和，其衡量参数称为光束衰减系数；但其定义排除了由多次散射导致的衰减。

### 2.2.5　漫射衰减系数

由于自然水体中不存在单一的光束，因此自然光在水柱中随深度的衰减由漫射衰减系数来表征。该参数不仅与水体物质组成有关，还会随太阳高度以及太阳直射光和天空光的组成比例变化而变化。理论推导表明，漫射衰减系数主要由吸收系数和后向散射系数构成（Lee et al.，2005a）。

### 2.2.6　遥感反射率

离水辐亮度与水面上（$0^+$）下行辐照度的比值称为遥感反射率。遥感反射率既是水色学中的核心光学参数，也是水色遥感算法的一个基础物理量；文献计量学分析（图 2.1）也显示反射率（reflectance）是 SCI 论文中高频出现的关键词。由其定义可知，遥感反射率无法直接测量得到，但离水辐亮度和辐照度可以由仪器测量得到。

由于漫射衰减系数和遥感反射率都受到环境光场的影响，因此它们同属于表观光学特性参数（Preisendorfer，1976）。

### 2.2.7　真光层深度

真光层深度在海洋生物学中定义为水柱中某一位置的日净初级生产力为零时的深度，但在辐射传递上则常粗略考虑为在此深度的可见光辐照度是表层值的 1%。可见，两者并不完全吻合，且一直存在争论。但总体上，在海洋、湖泊、河流等水生生态系统中，浮游植物和水生植物基本都分布在这一层。真光层深度一方面取决于水体中各类物质对光的衰减，另一方面还与营养盐的分布和浮游植物的光合作用过程有关。在水色学中，真光层深度既是重要的光学参数，又是重要的遥感反演参数。

### 2.2.8　表观光学参数与固有光学参数的基本关系

固有光学特性参数与水体物质组成和浓度直接相关，但遥感或者现场测量易于获得表观光学特性参数，如遥感反射率和漫射衰减系数。通过推导辐射传递函数，表观光学特性参数与固有光学特性参数之间存在一定的基本关系，比如：

下行辐照度的漫射衰减系数（$K_d$）可表示为（Lee et al.，2005a）

$$K_d = m_0 a + v b_b \tag{2-1}$$

而遥感反射率（$R_{rs}$）可表示为（Gordon et al., 1988）

$$R_{rs} = G \frac{b_b}{a+b_b} \qquad\qquad （2\text{-}2）$$

式中，$a$ 为水体的吸收系数；$b_b$ 为水体的后向散射系数；$m_0$、$v$、$G$ 为模式参数。

## 2.3　环境监测参数

### 2.3.1　透明度

透明度盘（或者塞克盘）是最早用于测定水体状况的仪器，已有 150 余年历史，且目前仍被广泛使用。透明度是指当透明度盘于水中垂直下放至刚刚在视野中消失时的深度。透明度是一个简单而实用的水色和水质参数，被广泛应用于水体富营养化和生态系统健康评价，从而也是遥感监测的重要环境参数。基于 Landsat、MODIS、MERIS 等卫星遥感对大洋、海湾、近岸和湖库水体在不同时空尺度下的透明度已开展大量的研究和监测（Chen et al., 2007b; Odermatt et al., 2012; Olmanson et al., 2008）。

### 2.3.2　悬浮物和浊度

悬浮物（SPM）是指悬浮在水中的超过一定大小的物质，包括不溶于水的无机物、有机物及泥沙、黏土、微生物等，而悬浮物含量是衡量水体清澈程度和水污染程度的重要指标。悬浮物通过对光的吸收和散射进而影响光衰减，是水体中重要的光学组分，具有非常显著的光谱信号，因此是重要的水色和水环境遥感参数（Odermatt et al., 2012）（图 2.1）。

浊度是指溶液对光线通过时所产生的阻碍程度，包括水体内各类物质对光的吸收、散射和衰减的程度。浊度与悬浮物浓度往往表示相同或者相近的意义，两者之间一般存在显著的正相关。通过构建悬浮物浓度、浊度与特征波长遥感反射率的函数关系并应用于卫星遥感数据，可以实现对各类水体不同时空尺度悬浮物浓度、浊度的遥感反演和监测。

### 2.3.3　浮游植物色素、粒径与种群结构

浮游植物光谱吸收系数的变化反映了水体藻类色素组成、浓度、粒径和种群结构的差异。通过将现场的生物光学测量与水色遥感联系起来，可估测水体色素浓度、浮游植物粒径和种群结构。当前水色遥感能够较为准确反演和提取的有叶绿素和藻蓝素（*Phycocyanobilin*）浓度，以及浮游植物粒径等级参数，如微微型浮游植物（< 2 μm）、微型浮游植物（2~20 μm）和小型浮游植物（> 20 μm）占比等。浮游植物色素的遥感反演是水色学过去 40 年持续关注的主题（Morel and Prieur, 1977），而浮游植物粒径和种群结构的遥感分类与提取是近 20 年水色学研究的热点和难点领域（IOCCG, 2014）。

### 2.3.4　初级生产力

初级生产力是衡量绿色植物利用太阳光进行光合作用，把无机碳固定为有机碳这一过程的指标。浮游植物是水生生态系统中主要的初级生产者，其初级生产力是水体生物生产力的基础，是食物链（网）的第一个环节。同时，浮游植物的初级生产过程影响着全球碳的收支平衡，对于研究碳在水生生态系统中的转移和归宿乃至全球气候变化具有重要意义（Falkowski et al.，2003；Field et al.，1998；Platt and Sathyendranath，1988）。

### 2.3.5　有色溶解有机物

有色溶解有机物是水体内一类带发色团的溶解性有机物。由于其在蓝光波段具有强烈吸收而表现出显著的光谱信号，也是水体中重要的光学组分，与悬浮物和浮游植物并称为水色遥感的 3 个主要遥感反演参数。此外，随着全球碳循环研究的深入，迫切需要知道水生生态系统中溶解有机碳的储量，而有色溶解有机物的遥感反演为水生生态系统中溶解有机碳的估算提供了方法和途径。

### 2.3.6　碳循环指标

碳收支和循环是全球气候变化响应和适应研究的热点领域，而海洋和内陆水体等水生生态系统的碳储量和循环是全球碳循环研究的核心环节。实现全球不同时空尺度下水生生态系统碳储量的遥感估算将为碳循环研究提供坚实的数据基础和技术支撑。碳在水生生态系统中存在的基本形式可分为颗粒有机碳、溶解有机碳、颗粒无机碳、溶解无机碳以及气液平衡状态下的海水溶解二氧化碳。由于水色组分中有色溶解有机物主要由碳组成，因此颗粒有机碳和溶解有机碳也呈现出明显的水色信号和光谱信号。目前水色学中能够遥感估算和监测的碳循环指标主要为颗粒有机碳、溶解有机碳和二氧化碳分压（Boesch et al.，2011；Stramski et al.，1999）。

### 2.3.7　藻华与水生植物

藻华（也常称为水华、赤潮）指水体表层浮游植物骤然大量增殖的一类生态灾害现象。藻类聚集死亡后的降解会消耗大量氧气，使得鱼类、底栖生物由于缺氧而大量死亡，给饮用水安全供水、渔业和旅游业等造成巨大影响或经济损失，同时对水生生态系统造成极大破坏。形成藻华的浮游植物种类多样，有蓝藻（*Cyanobacteria*）、硅藻（*Diatoms*）、甲藻（*Dinoflagellates*）、绿藻（*Chlorophyta*）等。藻华发生时水体中叶绿素浓度显著升高，导致水体光谱特征发生变化，其在水面漂浮聚集后形成类似于植被的光谱信号，是水色遥感中最易反演和提取的环境参数，因而得到广泛关注（Hu et al.，2010a）。

水生植物具有水体产氧、参与氮循环、固定沉积物、抑制浮游藻类繁殖、减轻水体富营养化、提高水体自净能力的重要功能。同时，还能为水生动物、微生物提供栖息地和食物来源，维持水岸带的物

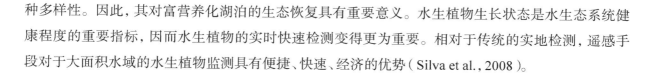

种多样性。因此，其对富营养化湖泊的生态恢复具有重要意义。水生植物生长状态是水生态系统健康程度的重要指标，因而水生植物的实时快速检测变得更为重要。相对于传统的实地检测，遥感手段对于大面积水域的水生植物监测具有便捷、快速、经济的优势（Silva et al., 2008）。

### 2.3.8　富营养化指数

富营养化及其引发的藻华问题是当今世界面临的重要环境污染难题之一，受到国内外广泛重视。富营养化的本质是由于水体中氮磷营养盐和溶解有机物的累积超过了水体的自净能力。如何快速有效地监测与评价富营养化是开展富营养化形成机制和防控治理研究的前提和关键。传统的湖泊富营养化评价通过测定水体中总氮含量、总磷含量、叶绿素 a 浓度、透明度、化学耗氧量等参数来计算其营养状态指数，然后划分营养状态类型。在这些参数中，叶绿素 a 浓度和透明度是重要的水色光学组分；总氮含量、总磷含量和化学耗氧量尽管没有光学信号，但其与叶绿素和有色溶解有机物浓度往往存在显著正相关，因此国内外基于水色遥感对海洋和内陆水体富营养化指数进行反演和评价开展了大量的研究工作（Thiemann and Kaufmann, 2000）。

### 2.3.9　底部地形与底质类型

对于光学浅水区，穿透水体到达水底的光会被反射到水表层，因此卫星遥感接收到的离水辐亮度有一部分来自水体底部。对这部分信号进行分离，可以用于遥感监测水体底部地形与底质类型，包括海草与珊瑚的分布和覆盖度等（Feurer et al., 2008；Garzapérez et al., 2004）。

### 2.3.10　其他环境参数

除了上述表现出明显光学信号的环境参数，还有一大类环境参数与悬浮物、浮游植物和有色溶解有机物 3 类光学组分存在区域或局部的经验关系，因此也可以通过水色遥感方法加以估算和监测。这类参数有盐度、溶解氧、氮磷营养盐含量、重金属含量等。

## 2.4　水体分类参数

100 多年前，由于缺乏精密的现场观测仪器，早期的海洋光学研究主要关注的是自然水体的分类，其中最著名的是 Forel-Ule Index（FUI）这一水色指数。其基于人眼对水体颜色的感知，将自然水体由深蓝色到红棕色分为 21 个级别（一般认为，第 1 级的深蓝色水体最清澈，第 21 级的红棕色水体最浑浊）。由于其容易操作，因此现场测量中很多时候依然保持了对 FUI 的观测。后来的研究发现，FUI 与水体营养程度相关（Wang et al., 2018）。

鉴于 FUI 主要代表水体的定性描述，同时基于 20 世纪中叶以来现场光学仪器的发展，Jerlov（1976）提出以辐射度的漫射衰减系数 $K_d$ 光谱作为标准对水体分类，并进一步将大洋水体分为 5 种类型，近岸水体分为 9 种类型。这些水体，特别是大洋水体，通常与一定的叶绿素浓度有关（Morel，

1988）；而9种类型的近岸水体则分别代表黄色物质或陆生颗粒物占主导的水体。本质上，Jerlov水体类型提供了一种水体对光的穿透能力的量化方案。在近40年里，为了方便水色遥感算法的建立和应用，则通常将自然水体分为一类水体和二类水体。

### 2.4.1　一类水体和二类水体

一类水体指水体固有光学参数的变化基本由浮游植物的变化决定；其他成分的贡献，如降解后的碎屑和有色溶解有机物，则基本与浮游植物的贡献协变（IOCCG，2000；Morel and Prieur，1977）。由此，Morel建立了一整套一类水体的固有/表观光学参数与叶绿素浓度的经验关系（Morel and Maritorena，2001）。与一类水体相反，二类水体指水体固有光学参数的变化不再主要由浮游植物的变化决定；特别是其他悬浮物（如泥沙）和有色溶解有机物的贡献不再与浮游植物的贡献协变。一类水体主要存在于大洋开阔水体，典型的二类水体则存在于海湾、海岸带、湖库、河口、河流等水体。本质上，尽管一类水体和二类水体有一定的地域特性，但它们的区分不是基于地域或者叶绿素浓度的。

### 2.4.2　光学深水与光学浅水

光学深水是指水体的底部对遥感反射率的影响基本可以忽略的水体，而光学浅水则正好相反。受水体透明度的影响，光学深水和光学浅水不能以水底的物理深浅来度量和区分：即便水底深度只有1 m，但只要水体足够浑浊也会成为光学深水；反之，即便水底为数十米深（自然环境下通常不超过40 m），但只要水体足够清澈也会成为光学浅水。

## 2.5　小　结

由上可见，水色学包括一些基本的光学参数，更包括众多与水生态相关的环境参数和水体分类参数，调解这些参数的内在联系、空间分布及动态变化，以及它们与地球系统的相互关系及作用，则是水色学的核心。

# 第 3 章  水色学与生物海洋学

商少凌

厦门大学海洋与地球学院,近海海洋环境科学国家重点实验室

生物海洋学是研究海洋生物的时空分布及其与物理、化学和地质过程相互影响的科学。其中浮游植物是海洋中最重要的初级生产者，它们启动生态系统的能量流动与物质循环，因而成为生物海洋学的首要研究对象。吸收二氧化碳（$CO_2$）并通过光合作用实现固碳是浮游植物作为初级生产者最基本和最重要的属性，通常以初级生产力（primary productivity，PP）为指标衡量（Falkowski et al.，2003）。浮游植物进行光合作用固碳之后，所产生的颗粒有机碳沉降移出真光层，相当于将 $CO_2$ 从上层海洋带入下层海洋，部分再循环，部分埋藏，这个转移 $CO_2$ 的过程被称为"生物泵"（Falkowski et al.，2003）。工业革命之后，大气中人为 $CO_2$ 排放不断增加，导致大气升温，引起一系列气候及关联问题，即所谓的全球变暖，引发强烈关注。那么海洋通过生物泵可以帮助移除多少 $CO_2$，可以在怎样的程度上帮助调节大气 $CO_2$ 含量，随之成为一个经久不衰的热点问题。这个热点正是触发海色卫星遥感技术与水色学发展的原动力，原因显而易见——唯有通过卫星方可实现全球尺度的高频率、全覆盖观测。从 20 世纪 70 年代开始，包括中国在内的世界各国陆续发射的一系列海色卫星所提供的浮游植物产品在生物海洋学与全球变化研究中发挥了巨大作用，使人们对全球浮游植物时空变动的科学认识达到了前所未有的高度（Behrenfeld et al.，2006；McClain，2009）。

简言之，生物海洋学中，关乎海洋浮游植物时空分布及动态过程这一基础科学问题的研究所需的各个层面的观测数据正是水色学的重点。本章简要总结了自海色卫星发射以来，其对全球海洋浮游植物认知的贡献，以及基于水色遥感浮游植物参数的机理和算法，这些参数分为生物量、类群结构与生产力 3 个层面。

## 3.1  全球海洋浮游植物认知的重大进展

35 亿年前，海洋孕育出了地球上最原始的生命——可进行光合作用的蓝细菌。但直到 1978 年，面对浩瀚大海，人类对海洋浮游植物的认识还非常有限。自 1978 年世界上第一颗海洋卫星水色遥感器 CZCS 成功运行之后，海色卫星遥感极大地促进了生物海洋学研究的发展，使人类可以更清楚地认识海洋中生物资源的总量与分布以及大时空尺度下的海洋生态过程。过去因为缺乏数据而不能回答的一些重大科学问题，如今在海色卫星遥感技术的帮助下得到了较好的回答。例如：

---

部分内容源自 IOCCG Report #7 第 8 章。

（1）全球浮游植物生物量和基本分布特征：浮游植物是海洋中最主要的初级生产者，海洋中浮游植物的生物量及分布特征是生物海洋学最基本的科学问题之一。海色卫星遥感技术则通过分析水的颜色变化获得浮游植物的叶绿素浓度，从而前所未有地、高分辨率地、定量地描述了全球海洋浮游植物分布的基本特征（图3.1）。现有的海色卫星可实现每一两天获取一幅1 km分辨率的全球海洋图像，实现了叶绿素浓度观测的常态化和业务化。

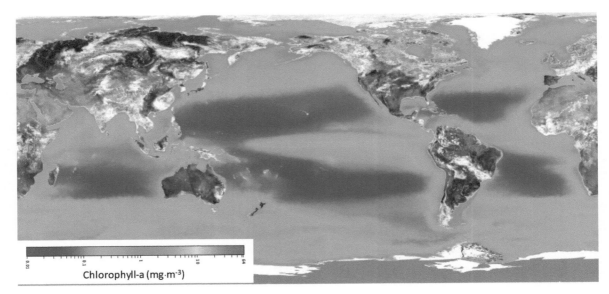

图3.1　可见光红外成像辐射仪（visibal infrared imaging radiometer suite, VIIRS）提供的全球叶绿素浓度气候态平均分布（图片来自美国NOAA STAR Ocean Color, https://www.star.nesdis.noaa.gov/）

（2）全球重要浮游植物类群的分布特征：与陆地上多种多样的植被一样，海洋浮游生物种类繁多，其多样性是海洋生态系统实现功能和保持稳定的重要基础之一。海洋生物多样性是生物海洋学研究的基本科学问题之一，而海色卫星遥感初步实现了浮游植物类群的辨析，获得了重要浮游植物类群（如硅藻、颗石藻、蓝藻等）的全球基本分布特征（Bracher et al., 2009; IOCCG, 2014; Sadeghia et al., 2011）。

（3）北大西洋浮游植物藻华的发生机制：藻华是浮游植物增殖形成高生物量的一种现象，而北大西洋春季藻华是海洋中最大的藻华现象之一，并且该藻华的发生机制一直是生物海洋学研究的热门问题之一，迄今仍未得到完美的解答。过去的研究认为，春季北大西洋风力减弱和海水变暖是海水层化和浮游植物光合作用增强的主要原因（Smetacek and Passow, 1990; Sverdrup, 1953）；近年来依靠海色卫星遥感对海洋物理过程和生物现象的同步观测，北大西洋春季藻华发生机制的研究有了新的突破，研究者认为海洋中的中尺度涡旋过程（Mahadevan et al., 2012）以及浮游动物的稀释（Behrenfeld, 2010）也可能是引发藻华的关键因素。

（4）有害浮游植物藻华（赤潮）的实时观测：赤潮是一种海洋灾害，其危害包括破坏海洋生态系统结构、导致鱼虾贝类死亡、使食用有害藻类的海洋生物和食用海产品的人类中毒、使海洋环境缺氧导致海洋生物大量死亡等。通过传统的船基观测，人类无法及时地发现和控制赤潮，因而更难认知其机理。如今通过对特定赤潮种的识别,海色卫星遥感提供了一个可以实时观测赤潮发生和发展过程的平台(Stumpf, 2001)。同时,赤潮的预警预报也离不开海色卫星遥感的辅助。

(5)全球海洋初级生产力的估算:初级生产力是海洋食物网的基础,也是海洋生物地球化学循环和碳循环的开端,厘清其全球总量和时空分布基本特征的重要性不言而喻。在海色卫星遥感技术开发、应用之前,科学家仅能通过有限的船基观测数据外推估算全球总量,得到全球每年 150 亿吨碳的海洋初级生产力。在 20 世纪 90 年代之后,根据海色卫星遥感获得的数据,科学家得出全球每年约 450 亿吨碳的海洋初级生产力(Behrenfeld and Falkowski, 1997b;Field et al., 1998)。可见对于广袤的大洋来说,船基测量对于全球性大尺度课题的研究具有极大的局限性。因此,进一步发展海洋初级生产力的遥感估算依然是水色学的一个重要课题。

(6)全球海洋生物泵储碳能力的估算:海洋通过生物泵过程将碳输出并存储到深海中,对温室气体 $CO_2$ 在大气和海洋两个碳库中进行重新分配,一定程度上控制了大气中 $CO_2$ 浓度的上升,这个过程是人类应对全球气候变化的研究热点。海色卫星遥感对全球海洋初级生产力、海洋温度等环境因素的准确估量是估算全球海洋生物泵储碳能力的重要基础。目前基于遥感数据,估算出海洋中每年约 60 亿吨碳被输出到真光层以下并存储于深海中(Henson et al., 2011;Siegel et al., 2014)。

## 3.2　浮游植物生物量的遥感反演

浮游植物生物量是生物海洋学研究的基本参数,通常采用浮游植物赖以进行光合作用的主色素——叶绿素 a 的浓度(Chl)来表示,它是最传统的海洋水色遥感反演产品。其基本原理是:叶绿素吸收蓝光与红光(图 3.2),并且发射荧光,故而 Chl 不但与海水的吸收光谱以及荧光光谱直接相关,且随着 Chl 的变化,海水遥感反射率光谱特征相应发生变化,两者之间存在良好的相关关系。利用这些关系,即可通过遥感反射率光谱反演 Chl。

相应的遥感反演算法已发展多年,可分为经验算法与半分析算法两大类。经

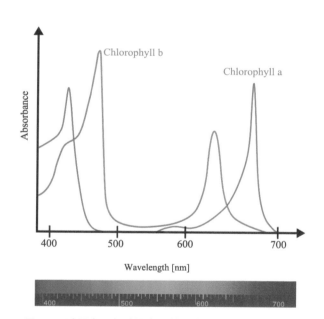

图 3.2　叶绿素 a 与叶绿素 b 的吸收光谱(引自维基百科)

验算法直接利用遥感反射率光谱或荧光光谱与 Chl 的经验关系,其中最具代表性并且得到广泛应用的有:①蓝绿波段比法(Gordon et al., 1983;O'Reilly et al., 1998);②蓝绿波段差法(Hu et al., 2012),但限于 Chl≤0.25 mg·m⁻³ 的大洋水体;③荧光高度(fluorescence line height, FLH)法(Abbott and Letelier, 1999)与最大叶绿素指数(maximum chlorophyll index, MCI)法(Gower et al., 2005),它

们更适用于藻华分析。半分析算法包括参数分解法（Carder et al., 1999）和 GSM 算法（Maritorena et al., 2002）等，均建立在水体的固有光学特性（特别是浮游植物的吸收）与辐射传输模型的理论基础上，结合经验关系实现反演。两类算法的概念图如图 3.3 所示。

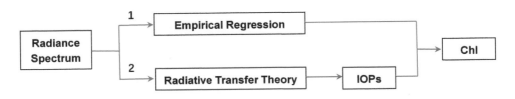

图 3.3　经验算法（路线 1）与半分析算法（路线 2）概念（引自 Shang et al., 2014a）

传统蓝绿波段比经验算法的反演精度以对数均方根误差计算在 0.2~0.3 之间（McClain, 2009；McClain et al., 2004），可以满足在开阔大洋生物海洋学研究的需求。但由于受到大气校正失败以及噪声的影响，往往导致有些卫星产品的图像质量不尽如人意。近年发展的蓝绿波段差经验算法克服了这一问题，使得海洋中浮游植物的时空分布特征，尤其是中尺度特征更加清晰可辨（Hu et al., 2012），但应用范围限于 Chl≤0.25 mg·m$^{-3}$ 的大洋水体（约占全球大洋的 77%）。目前美国 NASA 和 NOAA 发布的标准 Chl 产品采用的正是将这两个算法结合应用于卫星数据的处理方案。

藻华是自然现象，当其构成危害时（如水体缺氧、毒素排出），成为有害藻华（harmful algal bloom，HAB），俗称赤潮。由于赤潮对沿岸经济和民众的健康生活造成严重的影响，各国高度重视，并投入大量人力、物力研究有效的监测和应对手段。将 FLH 或 MCI 产品用于监测近岸赤潮，可以避开蓝绿波段由其他非浮游植物物质造成的影响，从而取得很好的成效（Gower et al., 2005；Hu et al., 2005）。

## 3.3　浮游植物类群遥感

浮游植物具有丰富的多样性，功能不同，固碳速率也不同，研究中通常分为不同的浮游植物功能类群（phytoplankton functional types，PFTs），包括硅质藻类、微微型自养生物（pico-autotrophs）、固氮藻类（phytoplankton N$_2$ - fixers）、钙质藻类（phytoplankton calcifiers）、产二甲基硫藻类（phytoplankton DMS-producers）和其他混合藻类（mixed phytoplanktons）。广义上，经典的粒级划分（小型、微型、微微型浮游植物）也归入 PFTs 分类（Mouw et al., 2017；Quéré et al., 2005）。可以推测，在气候变化的大背景下，若浮游植物类群组成发生改变，那么碳沉降通量可能发生变化，从而影响碳收支平衡及其他气候相关的物质如二甲基硫，反过来又掣肘气候。正如 Arrigo 等（1999）与 Chavez 等（2011）所指出的，浮游植物类群组成变化与否是关乎全球气候变化的一个重要科学问题。因此，发展浮游植物类群组成的遥感方法成为新的研究热点（IOCCG, 2014；Nair et al., 2008）。根据其机理与模型输入参量，类群遥感算法可归为四大类：辐亮度型、丰度型、吸收光谱型和散射系数型。以下对这些模型逐一进行简要阐述。

（1）辐亮度型（radiance-based）反演模型：基于大量数据获得浮游植物类群的归一化离水辐亮度

或遥感反射率 $R_{rs}$，总结特定类群的光谱形态，进而推算不同浮游植物类群的组分。其中最具代表性的当属 PHYSAT（Alvain et al.，2005），它得到了广泛的关注（Pan et al.，2013；Rousseaux and Gregg，2015；Wilson et al.，2015）。但该算法的缺点是：其粗糙的经验模式导致适用的水域受限（Alvain et al.，2012）。此外，Pan 等（2013）发展了 $R_{rs}$ 和主要色素之间的经验关系，采用类似 PHYSAT 的判别标准，应用于 MODIS 数据来分析南海北部陆架区优势浮游植物类群，并取得了一定的判别效果。Shang 等（2014b）和 Tao 等（2015）基于 $R_{rs}$ 发展了硅藻、甲藻及其他水华的判别算法，应用于卫星数据，对这些藻类取得了较好的分辨效果（图 3.4）。

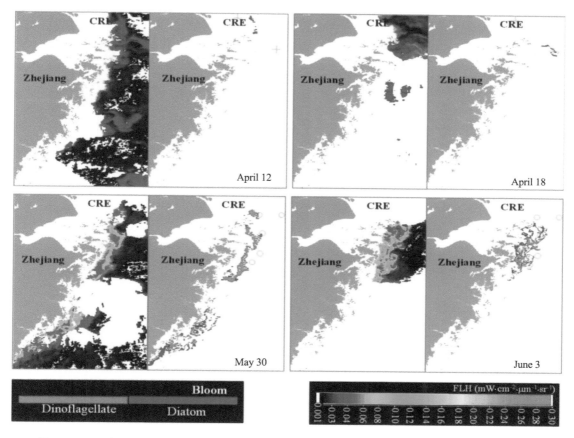

图 3.4　2011 年 4—6 月中国东海甲藻与硅藻水华判别（蓝色为硅藻，红色为甲藻；FLH 为荧光高度，用于指示藻华发生；圆圈与十字符号代表现场采样站位）（引自 Shang et al.，2014b）

（2）丰度型（abundance-based）反演模型：一个普遍的规律是：在叶绿素浓度低的海盆中央通常以粒径小的浮游植物为主，粒径大的浮游植物一般出现在叶绿素浓度相对高的海区（Yentsch and Phinney，1989）。在全球范围大量色素数据的基础上，Uitz 等（2006）建立了由表层叶绿素浓度推算粒级结构剖面的经验模式；Hirata 等（2011）则进一步利用跨越全球各海盆的色素实测数据，将 3 个粒级［微微型（0.2~2.0 μm，pico-）、微型（2~20 μm，nano-）、小型（20~200 μm，micro 浮游植物）］以及 7 个类群［（硅藻、甲藻、绿藻、原绿球藻（*Prochlorococcus*）等］的百分含量分别拟合为叶绿素浓度的函数，建立了一套经验模型来推算全球尺度的浮游植物粒级与类群组成分布。

（3）吸收光谱型（absorption-based）反演模型：该模型通过分析浮游植物的吸收光谱提取类群信息并实现遥感应用，是目前研究中使用最多的一类方法。该方法已经实现了粒级结构（即 pico-、nano-、micro- 各组分百分含量）、优势粒级（Bricaud et al., 2012; Devred et al., 2011）或蓝藻色素吸收系数的反演（Wang et al., 2016）。

（4）散射系数型（scattering-based）反演模型：其基本原理是较小的颗粒具有较大的后向散射光谱斜率。Montes-Hugo 等（2008）据此提出了一个区域尺度的经验模型；Kostadinov 等（2009）则借助光谱反演获得的颗粒后向散射系数，采用查找表方法推算颗粒粒径谱，并且发现由实测色素组成得到的粒级结构与反演的颗粒粒径谱中相应的粒级结构基本一致。

## 3.4　海洋初级生产力遥感

浮游植物初级生产力（PP）的遥感反演由来已久，早在 20 世纪 70 年代就有研究提出通过卫星遥感获得叶绿素浓度来估算 PP 的模型（Clarke et al., 1969; Perry, 1986）。经过 40 年左右的发展，已有多种模型见诸文献（Behrenfeld and Falkowski, 1997a; Morel, 1991; Platt et al., 2008），总体可以归纳为 3 种：

- 基于叶绿素浓度（Chl）的模型（$PP_{Chl}$）。
- 基于浮游植物碳（$C_{phy}$）的模型（$PP_{C_{phy}}$）。
- 基于浮游植物吸收系数（$a_{ph}$）的模型（$PP_{a_{ph}}$）。

目前的研究中多以 $PP_{Chl}$ 为主，以 Behrenfeld 和 Falkowski（1997b）、Platt 等（2008）的模型为代表。以下简述各模型的特点：

（1）$PP_{Chl}$：如式（3-1）所示，基于 Chl 的模型的基本策略是将 Chl 乘同化系数（$\varphi$：单位浓度叶绿素在单位时间、单位光强下的固碳量）和环境光强度（$E$）获得单位体积的初级生产力，并在真光层内进行积分（Behrenfeld and Falkowski, 1997b）：

$$PP_{Chl} = Chl \times \varphi \times E \tag{3-1}$$

因此，当采用 $PP_{Chl}$ 模型并通过卫星遥感来估算 PP 时，其核心的第一步是通过卫星传感器测量海水的颜色光谱来获取 Chl，将其代入式（3-1）来计算 PP。

这一主流模型使得人们在对全球初级生产力时空变化认知上获得了巨大进步（Behrenfeld and Falkowski, 1997b）。但是，通过比对研究发现，基于 $PP_{Chl}$ 估算的 PP 仍然不足以准确描述浮游植物固碳的空间分布（Friedrichs et al., 2009; Saba et al., 2011），也很难正确地重现 PP 的年际变化（Saba et al., 2010）。

（2）$PP_{C_{phy}}$：认识到 $PP_{Chl}$ 的固有局限性，Behrenfeld 等（2005）和 Westberry 等（2008）发展了基于浮游植物碳（$C_{phy}$）的初级生产力模型（$PP_{C_{phy}}$, carbon-based productivity model, CbPM）。该模型根据浮游植物生长公式计算 PP，即 $C_{phy}$ 和生长率（$\mu$）的乘积在真光层内积分。但该模型对 PP 估算的准

确性依赖于浮游植物颗粒的后向散射系数的遥感反演准确度以及该参数与颗粒有机碳的关系，目前还没有得到广泛的应用。

（3）$PP_{a_{ph}}$：由于 Chl 不能准确反映浮游植物对光的吸收，Lee 等（1996；2011）发展了以浮游植物吸收系数（$a_{ph}$）为核心的模型（$PP_{a_{ph}}$）。其基本策略是：采用浮游植物吸收系数（$a_{ph}$）乘光合固碳量子产率（$\phi$：浮游植物固定的碳和所吸收的光子的比值）在真光层内积分，如式（3-2）所示：

$$PP_{a_{ph}} = \phi \times a_{ph} \times E$$

（3-2）

$PP_{a_{ph}}$ 这一策略的优势已在南、北大西洋两处得到了实验证明（图 3.5），其获得的遥感 PP 远比由 $PP_{Chl}$ 获得的遥感 PP 准确（Lee et al., 2011；Lee et al., 1996；Marra et al., 2007）。$PP_{a_{ph}}$ 的根本特点是 $a_{ph}$ 能够从 $R_{rs}$ 直接获取，减少估算 PP 过程中产生误差的环节。

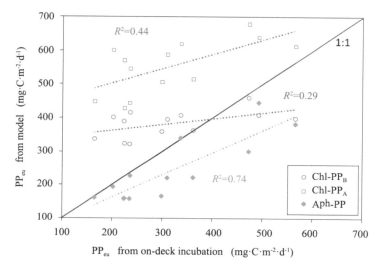

图 3.5 南大洋遥感 PP 与实测 PP 的比较（遥感 PP 分别采用 $PP_{Chl}$ 和 $PP_{Aph}$ 两种策略，$PP_{Aph}$ 的表现大大优于 $PP_{Chl}$ 的表现）（引自 Lee et al., 2011）

## 3.5 小 结

如上所述，基于水色学，针对生物海洋学的核心要素——浮游植物参数的遥感反演的研究，在生物量、结构、固碳速率这 3 个层面都已有了长足发展。特别是海洋初级生产力的遥感已经逐步走出以叶绿素浓度为中心，不考虑浮游植物类群的陈旧单一的估算模式；而考虑浮游植物类群特征且与光合作用根本原理一致的算法正在兴起。但在全球海洋生产力的时空分布上要通过遥感取得突破，仍然存在巨大挑战。总体而言，除了进一步提高浮游植物吸收系数的遥感准确度，实现类群分辨的光合固碳量子产率与浮游植物类群结构的遥感，是亟须突破的重点。而获得全球海洋更加详尽准确的浮游植物类群结构与初级生产力的信息，将把生物海洋学及其与全球变化关系的科学研究推到一个崭新的阶段和水平。

# 第4章 水色学与化学海洋学

乐成峰

浙江大学海洋学院

化学海洋学是研究海洋各部分的化学组成、物质分布、化学性质和化学过程以及海洋资源在开发利用中的化学问题的科学。化学海洋学是海洋科学的一个分支,和生物海洋学、地质海洋学、物理海洋学等有密切的关系,需要同这些学科相互配合才能全面地研究海洋学问题。化学海洋学的研究主要是通过海洋调查认知海洋中的元素形态、迁移机制、界面通量、物质平衡等。现场调查是化学海洋学研究的基本手段,是其研究和发展的重要基础。然而,海洋动力条件的复杂性和全球变化的影响,导致传统的原位观察方法无法满足现代化学海洋学研究对其成分分布的要求。遥感卫星影像的宏观、准实时、长时间序列的连续观测则为化学海洋学研究提供了新的海洋调查手段。本章围绕化学海洋学当前的一些关注热点,阐述水色学及卫星海洋遥感在化学海洋学研究中的重要作用。

## 4.1 海洋碳系统

海洋作为地表最大的"活跃"碳库,是海洋生物地球化学循环中碳循环的最重要环节。与碳循环有关的过程包括:海气界面的 $CO_2$ 交换;海表浮游植物通过吸收阳光进行光合作用,将 $CO_2$ 转化为有机碳;悬浮颗粒物的沉积作用或水团的扩散或平流运输,将有机或无机形式的碳埋藏进深海。由水体碱度和碳酸钙( $CaCO_3$ )形成过程驱动的无机循环也是海洋碳循环的重要组成部分。海洋水表面 $CO_2$ 碳分压( $pCO_2$ )升高是全球变化下的一个重要现象;而了解海洋中碳库和通量是更好地认识生物地球化学循环的前提,也是建立模型改善大气 $pCO_2$ 预测的必要条件( Doney et al., 2006; Fasham, 2003; Quéré et al., 2005 )。在这一领域,水色学已成为了解、理解和量化碳以及其他元素生物地球化学循环的重要工具。

### 4.1.1 颗粒有机碳

海洋中的颗粒有机碳( particle organic carbon, POC)由生物成分(细菌、植物和浮游动物)和非生物成分(碎屑、排泄物和聚合物)组成。POC 相对水有较高的密度,能通过沉降将碳从表层水体转移至深海,去除表层水体的碳,并为中层和底栖生物提供食物。目前已可由海洋水色传感器获取区域( Stramski et al., 1999 )及全球范围( Le et al., 2018; Loisel et al., 2002 )POC 浓度的分布及其季节变化(图 4.1)。反演模型的理论依据一方面基于 POC 浓度与后向散射系数存在相关关系,另一方面基于遥感反射率和后向散射系数存在相关关系。对于大洋水体,约 555 nm 波段( 如 SeaWiFS )似

---

部分内容源自 IOCCG Report #7 第 5 章。

乎最适于反演颗粒物的后向散射系数, 其中浮游植物吸收对遥感反射率的影响通常很小。同时, 基于 $R_{rs}(443)/R_{rs}(555)$ 和 $R_{rs}(490)/R_{rs}(555)$ 比值的算法也被提出, 用于表征海洋表面 POC 的分布 ( Stramski et al., 2007 )。

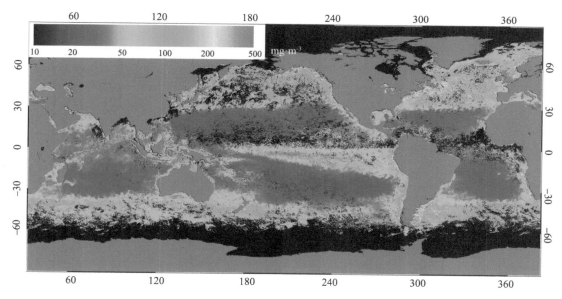

图 4.1　2010 年 3 月全球 POC 浓度分布 ( 引自 Le et al., 2018 )

## 4.1.2　颗粒无机碳

钙化是海洋碳循环的一个组成部分, 无论是方解石还是文石, $CaCO_3$ 都是海洋颗粒无机碳 ( particulate inorganic carbon, PIC ) 的重要组成部分, 如以下钙化的化学反应式所示:

$$Ca^{2+} + 2HCO_3^- \Longrightarrow CaCO_3 + H_2O + CO_2 \qquad (4-1)$$

钙化过程不但打破了海洋碳酸盐系统的平衡, 还导致 $CO_2$ 排放到大气中。具体而言, 钙化消耗表面 $CO_3^{2-}$ 使得碱度降低, 并使 $pCO_2$ 增加。因此, $CaCO_3$ 的形成对 $pCO_2$ ( 表层水和空气—海洋界面 ) 通量的影响与通过光合作用产生有机碳的效果相反。另外, 由生物因素形成的方解石及其沉降促进了碳向深海的长期输送, 而且方解石还是有效沉降相关有机物质以及提高整体颗粒密度的 "承载物" ( Armstrong et al., 2002 )。

目前在区域尺度 ( 图 4.2 ) 和全球尺度 ( 图 4.3 ) 上已经有从海洋水色数据中定量反演方解石浓度和 PIC 储量的算法 ( Balch et al., 2005; Gordon et al., 2001 )。从 MODIS 数据得出的全球透光层 PIC 总量平均值约为 1880 万吨, 在纬度高于 30° 的区域, PIC 浓度普遍更高 ( Balch et al., 2005 )。这也可能是受其他悬浮的矿物化合物的影响, 如来自硅藻种群的蛋白石 ( Broerse et al., 2003 )。因此, 需要增加对 PIC 浓度、PIC 变换时间和蛋白石与 PIC 浓度比值的现场测量并进行更多验证, 从而优化通过海洋水色反演海洋 PIC 的模型。

随着人们对海洋酸化的日益关注, 目前尚不清楚颗石藻和其他依赖碳酸盐的生物是否能够在高 $pCO_2$ 环境下适应或存活, 而若演变为其他物种则将改变整个生态系统以及碳收支方式。因此, 长时

间序列的颗石藻藻华和 PIC 浓度监测数据对研究海洋酸化对海洋生态系统的影响至关重要。

图 4.2　绿松石色表示海洋球石藻（*Coccolithophorid*）水华的空间分布（该影像为 1998 年 4 月 25 日由 SeaWiFS 传感器捕获自白令海区域）（*图片来自 NASA/GSFC SeaWiFS 项目和 GeoEye 数据*）

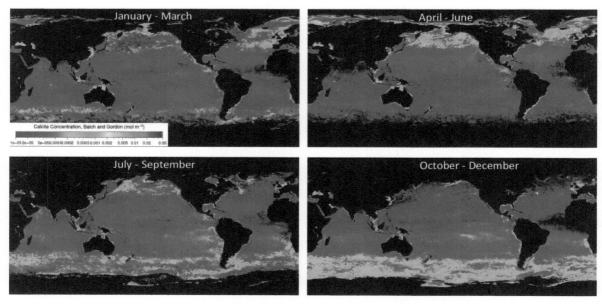

图 4.3　2011 年全球 PIC 季节性浓度分布［基于 Balch 等（2005）算法］
（*图片来自 NASAMODIS/Aqua 产品*）

### 4.1.3　溶解有机碳

掌握海洋溶解有机物（DOM）与微生物的复杂相互作用和辐射机制对了解海洋系统及其与气候的关系以及陆源输入的 DOM 进入海洋后的命运非常重要。现在已知有色溶解有机物（CDOM）在蓝光和紫外波段吸收非常强烈，这是一个光化学反应非常显著的光谱范围。CDOM 对蓝光和紫外光的吸收将化学物质转变为更具活性的形式（自由基及其他活性物质），然后参与生物化学过程。因此，CDOM 吸收系数光谱为量化复杂的生物地球化学速率提供了新的视角。通过获取 CDOM 的分布信息从而更好地定义海洋中的光场以及评估 CDOM 动态，海洋水色遥感在该过程中正发挥越来越重要的作用。为此，围绕 CDOM 的光学特性、来源组成、吸收系数及遥感反演，水色学界在过去的40 多年里做了大量研究（Nelson and Siegel，2002；Vodacek et al.，1997），并取得了丰硕的研究成果。

## 4.2　氮循环

海洋中的总初级生产力被划分为再生生产力和新生产力，其中再生生产力取决于上层水体光合作用区域再循环养分（通常是氨）所支持的净初级生产力份额，而新生产力是由光合作用区域以外所提供的氮支持的那部分净初级生产力（Dugdale and Goering，1967）。固氮是海洋新生产力的另一种机制，而固氮微生物可以在硝酸盐贫瘠的水域中生长，其中最著名的海洋固氮生物是束毛藻（*Trichodesmium*）（图 4.4）。除此之外，许多生物体如单细胞蓝藻细菌（Montoya et al.，2004；Zehr et al.，2001）以及与某些硅藻共生的藻类（Villareal，1992）也可以固氮。

图 4.4　2000 年 4 月从研究船"ORV Sagar Kanya"上拍摄的东北阿拉伯海（Khambhat 海湾外）的红海束毛藻（*Trichodesmium erythraeum*）暴发照片（图片来自 Shailesh Nayak，ISRO 空间应用中心）

随着遥感技术的发展，高空间分辨率和高时间分辨率的叶绿素卫星数据为在区域和全球范围内评估这些固氮过程提供了条件。现已开发一些从海洋水色数据中识别固氮藻类的方法，包括基

于特定物种的光学特性研发的通过分析离水辐亮度来识别束毛藻的算法（Subramaniam et al., 1999;
Subramaniam et al., 2002）。但该算法仅适用于藻华时大量繁殖且叶绿素浓度 > 1 mg·m$^{-3}$ 的状态,
且通常在贫营养水体中叶绿素水平达到此阈值,水体硝酸盐同时耗尽时才发生固氮,因此该算法难
以在全球范围内应用。另外研发的一些新算法则有望在全球范围内检测束毛藻（Hu et al., 2010b;
Westberry et al., 2005）。

从卫星数据中识别固氮的另一种方法考虑了有利于固氮（和迁移）的海洋水文条件,其与上升流
导致的生产力非常不同。束毛藻和根管藻（*Rhizosolenia*）通常在低风、稳定的水域中生长（Capone et
al., 1997; Villareal and Carpenter, 1989）。温度低于 20℃ 的水中通常不存在束毛藻,并且束毛藻很少
在 25℃ 以下的环境下暴发藻华（Carpenter and Capone, 1992; Subramaniam et al., 2002）。培养研究表
明,束毛藻生存的理想温度范围为 24~30℃（Breitbarth et al., 2007）。

CZCS 和 SeaWiFS 观测到西南太平洋浮游植物的大量繁殖,再根据该地区以前有关束毛藻的报
道,特别是在夏季表层水温高且分层的情况下,确定该藻类为束毛藻（Dupouy et al., 2000; Dupouy et
al., 1988）。CZCS、OCTS 和 SeaWiFS 也观察到夏末在夏威夷东北部贫营养的太平洋水体中浮游植
物的大量繁殖,如图 4.5 所示（Wilson, 2003; Wilson et al., 2008）。基于相同时间下的海表面高度（sea
surface height, SSH）和海表面温度（sea surface temperature, SST）数据以及该地区以前的生物学观
察,该地区浮游植物大量繁殖的原因归结于固氮（不一定是束毛藻）或根管藻的垂直迁移（Wilson,
2003; Wilson et al., 2008）。硅藻藻华是将碳封存到深海中的重要机制（Goldman, 1988）,考虑到藻
华暴发的强度和持续时间（藻华面积可与加利福尼亚州一样大并且可以持续 5 个月）,其碳输出效果
是显著的。通过对卫星数据的分析,Coles 等（2004）确定西部大西洋热带地区每年夏季的藻华可归

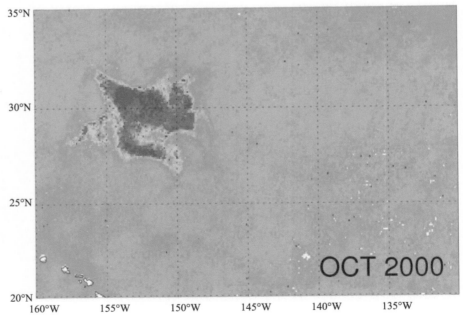

图 4.5　SeaWiFS 影像中 2000 年 10 月的月平均叶绿素浓度,图中显示在夏威夷东北部贫营养的太平洋水体有大片
高叶绿素浓度水体,水华由 8 月底持续到 12 月。据推测,此次水华是由固氮或硅藻门（*Bacillariophyta*）的垂直迁移造成的
（引自 Wilson, 2003）

因于固氮，并进一步指出该区域遥感获得的叶绿素季节周期信息只能通过精确模拟固氮的生物模型重现。

在有利于固氮生物生长的条件（分层、低营养、光照充足、足够的铁元素）下，使用多个卫星测量来识别固氮浮游藻类的方法可以估算全球范围内的固氮模式。如果固氮生物能将海洋水体从氮限制转变为磷限制（Karl et al.，1997），并通过生物泵的变化改变全球气候（Michaels et al.，2001），那么促进对其空间分布和时间变化以及生产力的理解是至关重要的。

## 4.3 铁和 pH 值

铁可能是控制海洋浮游植物生长的重要元素，特别是在高营养、低叶绿素浓度地区。准确估算铁元素浓度是了解浮游植物分布和丰度的关键，而浮游植物又是更高营养水平生物、碳固存和许多其他海洋健康指标的基础。目前存在多种现场测定海水中铁浓度的方法，但都属于时间和劳动密集型，不适合应用于较大时空尺度的监测，因此需要一种方便且一致的方法来估算大洋中的铁浓度。McGaraghan and Kudela（2012）基于 $b_{bp}$（443）/FLH 比值与不稳定颗粒铁之间的对应关系，在添加了其他环境变量（如叶绿素浓度、海表面温度、河流流量数据以及局部上升流指数）后，建立了多元线性回归的统计模型来估计湖泊中不稳定铁浓度的分布。此外，由于湖水中胶体铁主要以有机而不是无机铁形式存在，因此湖水中的铁主要存在于有机物质相关的胶体中。据此，Kutser 等（2015）在研究梅拉伦湖（Lake Malaren）时发现 MERIS 总悬浮物产品是颗粒铁的良好表征品，为反演颗粒铁含量提供了一个新的思路。

化学海洋学中另一个备受关注的问题是海水酸化（pH 值降低）。大气中 $CO_2$ 浓度的升高、海水吸收 $CO_2$ 增多、陆源碳酸盐和有机碳物质输入，以及气候变化导致的海洋上升流改变等多种因素导致了海洋不同区域均发现海水酸化的现象，其对珊瑚礁等海洋生态系统会造成极大影响，甚至引发生态灾害。因此，有效观测大尺度范围的 pH 值也是海洋学的一个挑战。从原理上来说，海水无机碳体系中，海水 $pCO_2$、溶解无机碳、碱度（TA）和 pH 值是相互关联的碳酸盐参数。通过对不同控制机制的量化，或许也可以将遥感反演拓展到海水酸化的研究中。

## 4.4 小 结

众多研究表明，虽然光学遥感在反演算法和精度上还存在一定的局限性，仍有大的提高空间，但其在化学海洋学的研究和应用中已经起到了十分重要的作用。光学遥感为化学海洋学研究提供了大量的准实时、大尺度和长时间序列的观测数据，保障了化学海洋学对元素的迁移机制、界面通量、物质平衡等研究的数据基础。未来研究方向除了提高光学遥感产品的精度，应该更关注光学遥感反演关键化学海洋学参数的机理研究。此外，拓展更多的遥感反演参数并应用于化学海洋学也是重要的研究方向。

# 第5章 水色学与水质监测

潘晓驹

中国海洋大学海洋化学理论与工程技术教育部重点实验室

全球过半人口居住于海岸线 200 km 以内的地带,其生活品质与近海(包括相关的地表水等)的水质密切相关。气候变化和人类活动的双重影响严重威胁着近海及湖泊的生态系统和水质。近海环境强烈的时空变化,导致常规的海洋调查往往难以系统有效地监测水质的状态。不同水质水体在组分上的差异使得水体的吸收、散射等光学特性不同,因而理论上水色遥感可用于水质监测。本章针对近海与内陆水域的水质监测,简要阐述水质遥感监测的概念、主要参数以及面临的挑战。

## 5.1 水质水色遥感监测的概念框架

全球变暖、海平面上升、污水排放、过度捕捞和养殖等气候变化和人类活动的双重影响,尤其是通过地表径流输入的富营养或污染水体,使得近海、湖泊等水体的水质受到严重威胁并持续下降,导致生态系统的恶化。为减缓乃至扭转水质恶化趋势,各国都加强了对水质的监测、评估和治理。例如,欧盟在 2000 年和 2012 年分别颁布了《欧盟水框架指令》和《欧洲水资源保护蓝图》,旨在推动所有欧洲地表水达到水质良好状态;美国在《2006—2011 国家战略计划》中提出,对超过 2250 个受污染水体进行全面修复;中国在 1997 年颁布了海水水质标准(GB 3097—1997),详细规定了我国管辖海域各类使用功能水体的水质要求。此外,中国每年还发布中国海洋生态环境状况公报,以推动各级政府和广大公众全面了解我国海洋环境状况和面临的主要问题。

水质监测是评估水域生态系统健康和治理的基础。常规水质监测通过采样或原位观测进行,涉及的关键指标包括电导率、溶解氧、pH、浊度、生物量、总悬浮物、病原体、初级生产力等。根据水体使用功能的不同,设定各指标的阈值,并据此评估水质。但是,在动力环境复杂的近海以及一些大面积的湖泊,受到诸如沿岸流、洪水携带、风驱动的垂直混合、上升流、营养盐高通量输入、藻华等生物地球化学过程的影响,水质变化显著且快速;而受限于时空覆盖尺度,采样或原位观测往往难以很好地捕获这些变化。相反地,卫星遥感则尤其适用于揭示多尺度的时空变化。过去几十年的研究已经证明,部分关键水质指标与水体的反射率直接或间接相关,因而水色卫星数据可用于评估水质。

图 5.1 显示了如何通过水色遥感进行水质监测与管理。首先,需要发展反演算法或模型,从水

---

部分内容源自 IOCCG Report #7 第 7 章。

色遥感数据获取与水质有关的物理、化学、生物等参数。由于近海及湖泊环境多归类为"二类"水体（IOCCG，2000；Morel and Prieur，1977），水体组分复杂，因而水色反演尤为困难。新一代光学传感器以及新的反演算法的发展极大地推动了"二类"水体水色遥感产品的开发。IOCCG 报告 #3（2000）回顾了已开发和待开发的水色产品，部分参数可用于水质评估。例如，水色反演的漫射衰减系数与水体的透明度密切相关，而后者是水质的重要评估指标。其次，需要将水色反演参数与水质评估标准以及其他平台的观测数据相结合，评估水质状态。例如，初级生产力作为一重要的水质指标，与海洋生态系统健康及生态系统的服务能力（如支持商业性捕鱼）息息相关。在评估初级生产力时，通常需要结合遥感的色素浓度、辐照度、海表温度、船测的浮游植物生理参数等来计算（表 5.1）。最后，通过对水质的富营养化、污染程度等评估，并将多个观测平台的数据同化和模拟，进而给出水质状况分布图用于水质管理和治理。

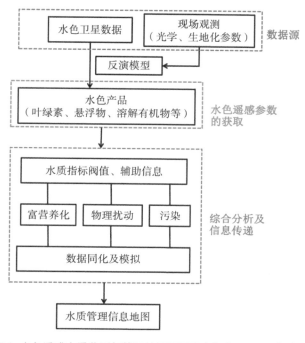

图 5.1　水色遥感水质监测与管理的流程示意（基于 IOCCG 报告 #7）

表 5.1 列举了部分水质状态指标及相关的遥感参数。这些指标均符合经济合作与发展组织（The Organization for Economic Cooperation and Development，OECD）的定义，而且每个指标可表示为一个或一组环境参数。在应用于水质监测与管理时，常常是将这些指标或参数整合至信息和评估体系中，如由国际地圈—生物圈计划中的海岸带陆海相互作用研究计划（IGBP-LOICZ[①]）提出并被《欧洲水框架指令》采用的"压力—状态—响应"框架体系或"驱动力—压力—状态—影响—响应"（DPSIR[②]）框架体系（Turner et al.，1998）。水色遥感作为环境监测与管理的重要手段和工具，已得到广泛应用。例如，在联合国环境规划署开展的由中国、日本、韩国和俄罗斯四国参与的"西北太平洋行动计划"

---

① IGBP-LOICZ：International Geosphere Biosphere Programme-Land-Ocean Interactions in the Coastal Zone.
② DPSIR：driving force-pressure-state-impact-response.

（NOWPAP[①]）中，已授权"特别监测和海岸环境评价区域活动中心"（CEARAC[②]）使用遥感技术进行环境监测。在 CEARAC 发布的"富营养化遥感监测指南"中，提出应用水色遥感研究有害藻华以及评估富营养化。鉴于水质参数极多，以下就 3 个常用且重要的水质参数（水体透明度、富营养化指数和悬浮物），并以黑臭水体为例，简述水色遥感在水质监测中的应用以及面临的挑战。

表 5.1　水质状态指标与应用

| 状态指标 | 相关参数 | 应　用 |
| --- | --- | --- |
| 透明度 | 色素、悬浮物（SPM）、漫射衰减系数、溶解有机物（DOM） | 水质监测 |
| 初级生产力 | 色素、SPM、DOM、水体组分的固有光学特性、SST、水面光辐照度 | 水质监测、生态系统和栖息地评估 |
| 浮游植物类群结构 | 色素、化学分类法模型 | 水质监测、生态系统评估、生态灾害 |
| 富营养化指数 | 叶绿素、初级生产力、营养盐、SST | 水质监测、生态灾害 |
| 浊度 | 透明度、浮游植物生物量 | 水质监测 |
| 水下底栖植被指数 | 色素、沉积物、DOM、水深、底质反照率 | 水产养殖、水质监测、栖息地评估 |
| 藻华或羽状流 | 叶绿素、SPM、DOM | 生态灾害、生态系统和栖息地评估 |

## 5.2　水体透明度

水体透明度反映了光在水中的垂直透射程度，与水体各组分的吸收、散射特性直接相关。透明度可通过肉眼观测值、漫射衰减系数或浊度等来评估。肉眼观测则采用塞克盘现场测量，即将白色（或黑白色）的塞克盘放入水中直至肉眼不能分辨，记录此深度为塞克深度或透明度（常用 $Z_{SD}$ 代表）。通过整理大量的 $Z_{SD}$ 数据，Lewis 等（1988）绘制了全球海洋透明度的气候态分布图。不同波段的漫射衰减系数［$K_d(\lambda)$］则通过水下辐射计的测量来推算，而理论和实践都发现可见光的全波段漫射衰减系数（$K_{PAR}$）和 $Z_{SD}$ 强烈相关（Lee et al., 2018）。透明度也可通过浊度来估计，后者可由浊度计评估水中悬浮颗粒物对光的散射来获取。

水色遥感也可通过反演 $K_d(\lambda)$ 来估计水体透明度。传统采用的反演方法是基于蓝绿波段离水辐亮度比值的经验算法（Mueller, 2000），但在近海及内陆湖泊需要对其进行区域优化。$K_d(\lambda)$ 也可通过辐射传递模型反演得到水体的吸收系数和后向散射系数后计算获取（Lee et al., 2005b）。此

① NOWPAP：The Action Plan for the Protection, Management and Development of the Marine and coastal Environmemt of the Northwest Pacific Region.

② CEARAC：Special Monitoring and Coastal Evironmertal Assessment Region Activity Center.

方法可适用于大洋到浑浊的水体，且显著降低了反演的不确定性。在特殊情况下，$Z_{SD}$ 和 $K_d$(PAR) 也可通过经验回归由卫星观测的单一波段辐亮度计算获得（图 5.2）（Binding et al.，2005；Shi et al.，2014）。

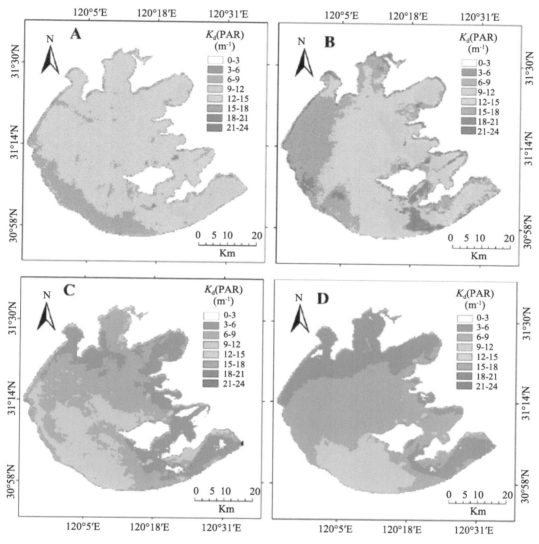

图 5.2　MERIS 卫星推导的太湖 $K_d$（PAR）分布的季节变化（A 至 D 分别为春、夏、秋、冬）
（引自 Shi et al.，2014）

## 5.3　近海富营养化

富营养化过程指受人类活动影响，过量营养盐通过地表径流、污水直排、大气沉降等进入水域系统而引起的生态系统响应。Andersen 等（2006）定义富营养化为"营养盐，尤其是氮、磷营养盐和有机物质大量进入水体，引起藻类和其他植物迅速繁殖，导致生态系统原有的生物结构、功能和稳定性产生无法忍受程度的失衡以及水质的下降"。营养盐的增加可促进光合作用并产生更多的有机碳，引起水体透明度降低、供氧减少，进而导致栖息地的不可逆丧失及生物死亡。在近海，尤其是封闭型和半封闭型内海、河口和海湾，富营养化也是最严重、最普遍的环境威胁之一。例如，Li 等（2014）分析近 50 年的数据表明，长江输送的氮、磷营养盐的急剧增加是导致东海有害藻华增多的关键原因之一（图 5.3）。

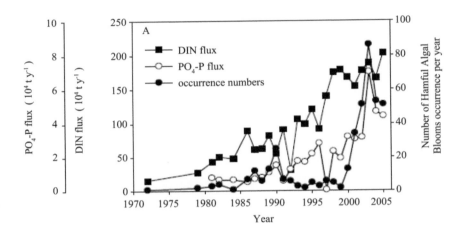

图 5.3　长江输入的氮、磷营养盐通量与有害藻华发生数的年际变化（引自 Li et al., 2014）

富营养化状态通常以富营养化指数（或称营养指数）来表示。Vollenweider 等（1998）定义营养指数（TRIX）为

$$TRIX = [Log(Chl \times dO \times DIN \times TP) - j] / f \tag{5-1}$$

式中，Chl、DIN、TP 分别代表叶绿素、无机氮、总磷，单位 $mg \cdot m^{-3}$；dO 代表溶解氧偏离饱和度的百分比绝对值；$j$ 和 $f$ 代表与各参数上下限有关的常数。TRIX 值越大，富营养化程度越严重。例如，TRIX 值在 2 到 4，表示水质良好；6 到 8，水质差。在我国，富营养化指数（$X$）常采用以下公式计算（邹景忠等，1983）：

$$X = \frac{COD \times DIN \times DIP}{4500} \times 10^6 \tag{5-2}$$

式中，COD、DIP 分别代表化学需氧量、无机磷，单位 $g \cdot m^{-3}$。$X > 1$ 时，表示水体已呈富营养化状态；$X$ 值越大，富营养化程度越严重。

由于富营养化指数的计算要使用一些目前尚无法遥感的参数，如式（5-1）中的 dO 和式（5-2）中的 COD 等，因此需将遥感数据（如叶绿素浓度）和现场观测数据相结合来评估富营养化状态。通常做法是将研究区域依生态特性分为若干小块，对各小块现场观测，并假定那些尚无法遥感的参数在某一段时间内维持不变，从而可以结合遥感数据用以提供常态化的富营养化状态分布图。类似的方法已经在联合国环境规划署"地中海行动计划"的"富营养化监测战略"中建议实施。随着水色产品的深入开发，如近海氮营养盐的分布（Pan et al., 2018），富营养化指数的直接遥感将更切实可行。此外，遥感与数值模拟结合也可用于评估富营养化状态。例如，Druon 等（2004）通过结合遥感的初级生产力和数值模拟，定义了富营养化危险指数（EUTRISK），用以评估浅水区的底部缺氧概率。

## 5.4　悬浮颗粒物

悬浮颗粒物（SPM），也称为总悬浮物或 TSM，影响着水体透明度、初级生产力、底栖生物分布等（表 5.1），是评估水质的关键参数之一。在近海，SPM 主要来源于地表径流和沉积物再悬浮，以及由腐烂的生物体、排泄物组成的有机碎屑。受洋流、径流、潮汐等的影响，在海岸带常可见由高浓度的 SPM 形成的浑浊羽状流，显示 SPM 能被长距离输送且其时空变化极其复杂（图 5.4）。因而，SPM 的分布与输送过程难以通过航次观测或简单的盐度示踪模拟，而只有通过高时空解析的航拍和卫星观测才能揭示出来。

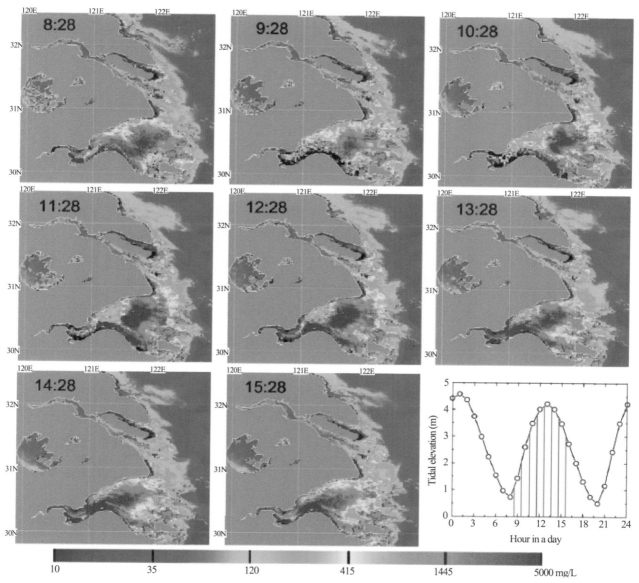

图 5.4　由静止卫星 GOCI 遥感的杭州湾和长江口海岸带悬浮颗粒物在 2011 年 4 月 5 日的日间变化分布
（引自 He et al., 2013）

MODIS、GOCI 等多颗卫星已被用于绘制 SPM 的空间分布。例如，MERIS 数据处理系统采用人工神经网络作为默认算法，从离水辐射反射率反演得到颗粒物散射系数，进而通过其与 SPM 的经验公式换算成 SPM 浓度（Doerffer and Schiller, 2007）。不过，在浑浊水域该方法易产生低估。在近海，尤其是河口区等高度浑浊的水域（如长江口海岸带），SPM 与长波段的遥感反射率或比值呈现良好的相关性，因而可以通过建立经验公式，直接由遥感反射率估算 SPM（He et al., 2013；Shen et al., 2010）。该类方法已经被广泛应用于 MODIS、VIIRS、GOCI 等卫星数据的反演。

水色卫星观测易受到云层覆盖的限制并且仅能显示表层状态，为了获得完整的时空分布，需要使用同化技术将卫星观测和数值模拟等相结合来揭示 SPM 的输送过程。SPM 输送模型是一个流体动力学模型，其中控制近海 SPM 沉积、再悬浮、输送和分布的关键过程包括潮汐流、波浪和生物扰动，对沉积物的分布状况、SPM 的粒径组成及沉降速率等的现场调查结果也需要整合至模型中。通过比对模型结果与卫星和现场观测结果，开发针对卫星数据的质量控制系统，然后使用连续最优插值法将卫星数据同化到模型中，是提高对 SPM 分布和输送认知的一个途径。

## 5.5　城市黑臭水体

随着城市的发展，大量的工业、农业和生活废水排入城市河水中，使得城市建成区内的水体呈现令人不悦的颜色和（或）散发出令人不适的气味，形成城市黑臭水体。黑臭水体的形成主要是城市水体的循环条件不足，当水体遭受严重有机污染使得水体缺氧时，厌氧生物产生 $H_2S$、胺、氨、硫醇等发臭物质，同时形成 FeS、MnS 等黑色物质。在我国大部分城市河段中，流经繁华区域的水体几乎都受到了不同程度的污染。截止到 2018 年 11 月 26 日，全国认定的黑臭水体共有 2100 个，其中完成治理的 1745 个，治理中的 264 个，制订方案的 91 个（http://www.hcstzz.com/）。

依据住房和城乡建设部公布的《城市黑臭水体整治工作指南》，按照透明度、溶解氧、氧化还原电位和氨氮 4 个水质指标，黑臭水体可以分为"轻度黑臭"和"重度黑臭"两级（http://www.mohurd.gov.cn/wjfb/201509/W020150911050936.pdf）。该指南要求在判定水体黑臭程度时，原则上需沿黑臭水体每 200~600 米设置监测点，间隔 1~7 天检测一次。鉴于城市黑臭河道面广、量大、体量小、时空变化复杂等特点，常规地面监测需耗费大量人力、物力和时间。卫星遥感监测以其空间覆盖面广、时间上相对连续等特点，可以从区域层面把握黑臭水体特征，而且有利于及时、全面地掌握黑臭水体的发生、发展与演变迁移过程，因此对监测、筛选和管理黑臭水体具有重要意义。

由于城市河道较窄，因此对城市黑臭水体的遥感监测需要采用米级甚至亚米级的高分影像数据（如高分 2 号卫星），并且常常需要结合人工勾画水陆边界，从而排除河道周围高大建筑物和植株的影响，准确提取出所需的水体遥感信息。与其他水体相比，黑臭水体的有机质（尤其是有色溶解有机物）含量高且吸收光谱特征差异显著（丁潇蕾等，2018），因而光谱特征显著有别于非黑臭水体，从而可以通过遥感定性乃至量化分级黑臭水体（申茜等，2017）。例如，温爽等（2018）利用高分 2 号卫星数据，通过构建的遥感反射率比值算法，对南京城市黑臭水体的分布进行了分析。尽管这些初步研究结果显示水色遥感监测黑臭水体具有可行性，但由于水色遥感仅能识别黑臭水体的"色"而无法闻其"臭"，因而对于部分只发出臭味而颜色透明或光谱特征与普通水体差异较小的污染水体，还需结合河岸垃圾堆放、河段断流等图像特征辅助识别。此外，黑臭水体的类型多样，需建立黑臭水体的分类体系，并在地面调查的基础上，建立星—空—地基遥感的黑臭水体识别与分级模型，从而构建城市黑臭水体的遥感筛查体系，并用于评估和监督黑臭水体的整治（图 5.5）。

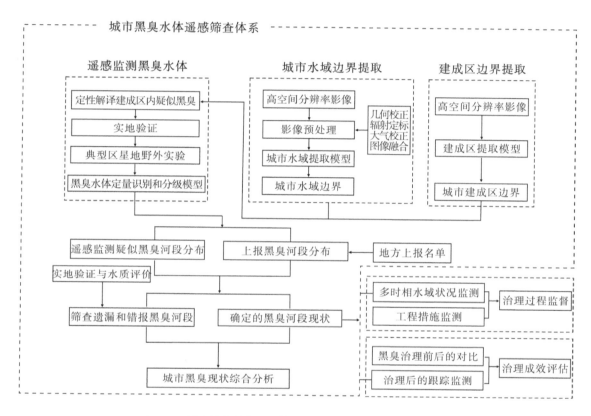

图 5.5  城市黑臭水体遥感筛查体系示意（引自申茜等，2017）

## 5.6  小  结

尽管对复杂、混浊水体的水色量化诠释仍有许多悬而未决的问题，但作为最有效手段之一，水色遥感在近海及湖泊水质监测和管理中的应用持续增长，并引起不同行业更多终端用户的兴趣，特别是近期对黑臭水体的监测。当前针对水质水色监测的最关键问题仍然在于如何提高浑浊水体水色反演产品的准确度。其次，在开发反演产品的基础上，需要构建可遥感化的水质指数（water quality index）。在以上基础上，进而结合其他观测数据和数值模拟，如何实现对水质的实时监测、预报和历史追溯也是一大挑战。随着适用于光学复杂水体的更优化的生物—光学模型的发展以及高光谱传感器的开发，应该能够更好地区分不同类型（如溶解态有机物为主或悬浮颗粒物为主）的浑浊水体，从而提高对浮游植物种类、化学物质组分等的量化反演的准确度。此外，对污染物（如重金属）的来源、输送和形态转化过程等的深入了解，还可对现有水色产品进一步开发。例如，Liu 等（2013a）分析指出近海重金属（如锌）的分布与 SPM 的浓度和粒径构成密切相关，从而或许可以在局部区域经 SPM 实现对近海重金属分布的遥感监测。这些需求和发展都进一步促进了水色遥感在近海及湖泊水质监测中的应用。

# 第6章 水色学在环境灾害监测中的应用

冯 炼

南方科技大学环境科学与工程学院

广义而言，灾害是"能够给人类和人类赖以生存的环境造成破坏性影响的事物总称"。气候与环境变化会引起洋盆、区域海洋和边缘海发生突发性、周期性或缓慢的灾害。随着人类活动加剧和沿海地区经济社会的飞速发展，近岸海域生态环境污染和富营养化问题日趋严重，海上溢油污染事件和赤潮、绿潮与水母等生态灾害频发，对沿海人民生命财产安全、经济发展和海洋生态构成威胁，海洋环境灾害防治任重而道远。

尽管一些灾害在源头上被认为是"自然的"（如地震和风暴），但环境变化中越来越多的人为因素已经开始对灾害发生的频率、程度以及持续时间产生重要影响。海洋生态环境面临的灾害通常分为两类：突发性灾害和缓发性灾害。突发性灾害包括热带风暴、洪水、地震引发的海啸、有毒或有害物质的泄漏等；缓发性灾害包括海面变暖、海洋酸化、海平面上升、冰川融水涌入等原因而造成海水性质的变化，以及海岸带由于营养盐施肥效应而造成的富营养化状况的加剧等。海洋生物为了生存必须适应海洋环境的不断变化，同时这些变化也为水生病原体的传播提供了新的栖息地。缓发性灾害也可能会导致突发性的灾害。例如，海面温度的上升会增加热带风暴发生的频率和强度（Emanuel，2005；Webster et al.，2005）。灾害会对海洋生态系统造成多样化的影响，进而影响全球海洋的生物性质、化学性质、物理性质、地质形态等。本章简要概述如何使用水色遥感技术对几种典型环境灾害进行监测与评估。

## 6.1 有害藻华

有害藻华（harmful algae bloom，HAB）是指伴随浮游植物、原生动物或细菌暴发性增殖或高度聚集而引起水体变色的一种有害生态现象，包括海岸带赤潮、内陆水体蓝藻藻华等。有害藻华在全球海岸带及内陆水域发生的频率越来越高，它除了会对水产养殖等商业行为产生影响，还会对海洋或湖泊生态系统和生物群落造成严重的危害（Hallegraeff，1993）。有害藻华通常由各种甲藻类物种组成，其有害性主要与藻类组合中某些物种的毒性有关，也与在高度富营养化系统中藻类暴发导致的高生物量相关。水色遥感数据能够提供水体表面浮游植物生物量的信息，其在藻华的监测应用中能发挥重要作用。例如，水色遥感能动态获取与浮游植物相关的各种数据，用以分析有害藻华的动态

---

部分内容源自 IOCCG Report #7 第 9 章。

变化过程,还可以对藻华暴发进行实时监控(图 6.1)。

浮游植物的生长都与物理环境密切相关,并且受到水平传输路径的影响。要掌握赤潮在海岸带系统中的生长与迁移过程,从根本上而言需要了解浮游植物物种演替的致病生物学过程、典型模式与赤潮发生的物理环境。水色遥感的时间序列产品以及海表面温度等其他遥感数据,可以帮助人们更好地掌握有害藻华的产生与运输机制。这些分析不仅可以增进人们对藻华产生原因的理解,同时可极大地提高人们预测有害藻华发生的能力(pitcher and Weeks,2006;Stumpf et al.,2003)。

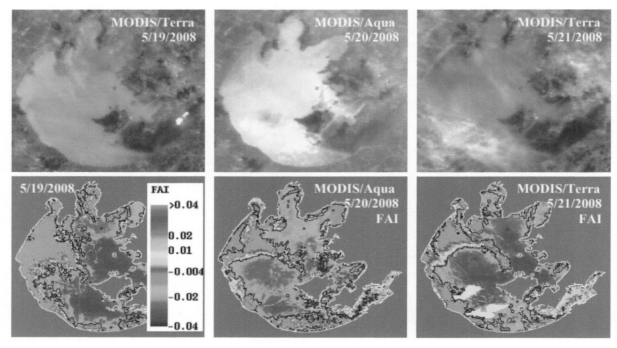

图 6.1　MODIS 遥感影像提取的太湖蓝藻水华范围(引自 Hu et al.,2010a)

生物光学系统(包括水色遥感数据)和各种平台、传感器系统和处理技术为获取藻华时空分布等实时数据提供了经济有效的方法。遥感估算模型不仅包括常见的经验模型,也包括复杂的分析反演算法(Glenn et al.,2004)利用基于物理过程的分析反演算法不仅能计算藻类总生物量,还可以估计水中的藻类组合形式(IOCCG,2014)。例如,从非洲本格拉南部(southern Benguela)的 MERIS 影像上(图 6.2)可以监测到藻华暴发期间藻类主要类型发生的变化。同时野外调查证实了导致有害藻华的主要藻类类型从小细胞的三叶原甲藻(*Prorocentrum triestinum*)变化为大细胞的角甲藻(*Ceratium furca*)。可见,提高与拓展遥感技术的反演能力对实时、大范围地获取有害藻华信息至关重要,不仅能对赤潮本身发生的环境进行监测,同时也可以动态追踪其扩散过程。这方面物理分析模型一般而言具有跨平台的能力和优势,它可以从野外调查、机载或星载传感器等不同时间和空间尺度遥感数据上反演出一致的地球物理化学参数产品。

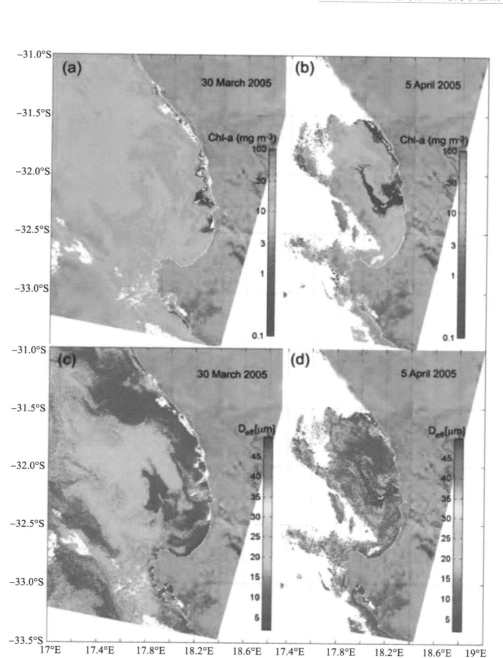

图 6.2　MERIS 水色产品显示了本格拉南部有害藻华暴发时复杂的空间分布，以及不同环境条件下有害藻华组合类群的变化。图（a）和图（b）显示的是大约相隔一周的叶绿素浓度，图（c）和图（d）描绘了藻类的有效直径，表明了它们变化为图（d）中以大细胞藻类为主的组合类型（图片由南非 CSIR-NRE 的 Stewart Bernard 提供，MERIS 数据由欧洲太空局提供）

## 6.2　大型漂浮藻类暴发

　　大型漂浮藻类暴发性增殖或高度聚集会引起水体颜色发生变化，产生绿潮、金潮等有害生态现象（图 6.3）。2007 年以来，中国的黄海海域已连续 10 余年暴发以浒苔（*Enteromorpha*）为优势种的大规模绿潮灾害，其规模举世罕见，对海洋生态环境、海水养殖、滨海旅游、核电安全运行等造成不良影响，制约了海洋经济的发展（Xing et al.，2015）。仅 2008 年北京奥运会青岛帆船比赛期间，青岛市政府投入的浒苔绿潮治理费用就超过 6 亿人民币。最近几年黄海绿潮灾害发生态势又有了新变化，特别是出现了以马尾藻（*Sargassum*）为优势种群的金潮，其规模空前，使得灾害防控形势趋于复杂，引起了高度关注。此外，马尾藻金潮在加勒比海沿岸地区近年来也时有发生，且暴发的频率与范围都有增加趋势（Hu et al., 2016a）。大量马尾藻在腐烂后发出恶臭，不仅给当地的旅游业带来了灾难，还影响了鱼类和海龟的生存。

图 6.3 （a）青岛海滨浒苔绿潮照片（自然资源部第一海洋研究所崔廷伟提供）；
（b）加勒比海瓜达鲁佩岛东部马尾藻金潮照片（引自 Hu et al., 2016a）

卫星遥感以其大范围、快速、同步观测能力，成为监测漂浮藻类不可或缺的技术手段，在认知绿潮、金藻（*Chrysocapsa*）等的时空分布、迁移路径、生消过程等方面发挥了重要作用（图 6.4）。最初的绿潮或金潮的遥感监测大多沿用了陆地遥感领域常用的植被指数算法，如归一化植被指数（normalized differential vegetation index，NDVI）、差分植被指数（differential vegetation index，DVI）、增强植被指数（enhanced vegetation index，EVI）等。为了实现绿潮的精细化遥感监测，也发展了一些新的方法，如 Hu（2009）提出了 FAI（floating algae index）算法，通过与 EVI 算法、NDVI 算法的对比发现，FAI 算法的监测稳定性更高，受大气的干扰较小。Son 等（2015）对比分析了现场、GOCI 卫星影像得到的绿潮光谱特征，提出了针对 GOCI 波段设置的绿潮监测算法——IGAG（index of floating green algae for GOCI，IGAG）算法。与 EVI、NDVI 算法的对比分析表明，IGAG 算法显示出较高的精度。

## 6.3　海洋溢油

海洋溢油污染是海洋环境灾害监测关注的重要目标之一。及时准确地检测海洋溢油污染对海洋溢油污染事故的处理与损失评估非常重要。据估算，全球海洋中石油物质总量的 53% 来源于各类型海洋溢油污染（Kvenvolden and Cooper，2003）。特大型的海洋溢油污染会导致极其严重的后果，如2010 年美国墨西哥湾深海油井溢油事件导致墨西哥湾沿岸 1000 英里（1609.344 千米）的湿地和海滩被毁，渔业受损，脆弱物种面临灭绝的灾难，由此给海洋生态环境与社会经济造成不可估量的损失。海洋溢油形成的黑色浮油、海面油膜与油水乳化物，在海面及低层海表大气中形成烃异常信息等，而这些异常能被 MODIS、AVRIS、Landsat、AVHRR 等多种星载 / 机载的多 / 高光谱光学传感器所探测

（Sun et al., 2015；陆应诚等, 2016）。2010 年美国墨西哥湾深海油井溢油污染事件中, 溢油乳化物具有较大的光学遥感响应差异, 如光谱响应差异、空间形态特征差异、太阳耀斑反射差异等（图 6.5）, 能被多种光学传感器所探测。

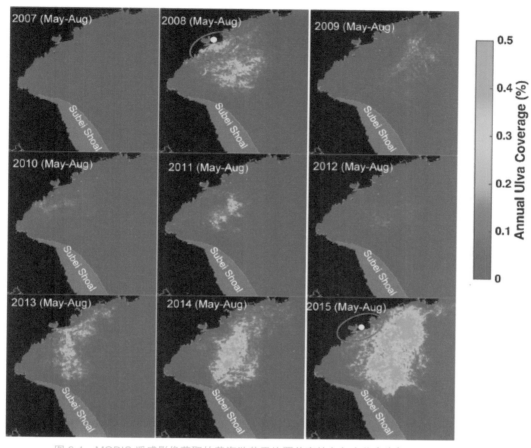

图 6.4　MODIS 遥感影像获取的黄海浒苔平均覆盖率的多年变化（引自 Qi et al., 2016）

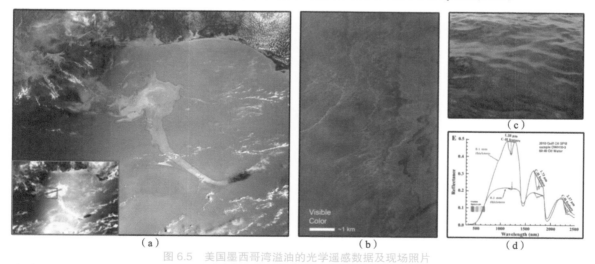

图 6.5　美国墨西哥湾溢油的光学遥感数据及现场照片

（a）MODIS 真彩色合成图像, 红色实线为溢油的边界；插图不仅显示了太阳耀斑反射的差异, 还标出了机载 AVIRIS 高光谱图像的观测区域（引自 Hu et al., 2018）；（b）机载 AVIRIS 高光谱真彩色合成图像, 反映了溢油具有光谱响应差异和空间形态特征；（c）溢油的照片；（d）溢油的反射率光谱差异, 且具有光谱特征峰（引自 Clark et al., 2010）

经过多年的发展，遥感手段已经广泛应用于海洋溢油或烃渗漏等目标识别与追踪，同时也有研究尝试对海面油膜厚度的定量估算。例如，Hu 等（2018）结合 AVIRIS 高光谱与 MODIS 遥感数据尝试估算了墨西哥深海油井溢油事件后海面油膜厚度与总溢油量。然而，虽然取得了大的进展，但将水色遥感技术用于海面溢油监测依然有诸多难点，这包括：①如何识别海面油膜；②如何分辨溢油乳化物等不同的溢油污染类型；③如何区分不同污染类型对入射光的吸收、反射、散射、干涉等光学作用过程的差异；④如何建立这些光学作用过程差异与目标的物理属性（如油膜厚度、溢油乳化物浓度等）的联系。

## 6.4　低氧区监测

低氧区（hypoxic area）是指水体中溶解氧低于 2 g·m$^{-3}$ 的区域。其产生的原因主要是藻类过度生长后，沉到水底的死亡藻类被细菌降解过程中损耗大量的溶解氧，形成底部缺氧状态。因为海洋生物难以在低氧或缺氧状态下存活，所以海洋低氧区又被称为"死亡区"。虽然好氧细菌制造的海洋低氧区深度会因气候的波动而变化，但近年来新增缺氧区的形成仍主要归因于人类活动。例如，化肥、粪便、污水等排泄入海，为藻类的生长提供了大量养分，死亡藻类的分解导致海水里的氧气耗尽。统计显示，在全球的河口和沿海水体中，自 1950 年以来低氧区域数量已经增加了 10 倍以上（Breitburg et al.，2018）。

虽然水体中的溶解氧含量不能从水色遥感数据中直接得到，但水色遥感的某些产品能间接指示低氧区的范围。例如，Le 等（2016）发现可以利用遥感获取的叶绿素浓度与河流羽流大小信息估算墨西哥湾北部密西西比河口的低氧区范围与体积。此外，Walker 和 Rabalais（2006）研究表明，密西西比河口的厌氧区往往出现在水体叶绿素浓度变化最大的区域。然而，目前此类研究主要基于数学统计上的分析，未来研究还需要进一步探讨水体叶绿素浓度与耗氧量之间的内在物理生物过程。

## 6.5　小　结

海洋水色遥感已成功用于突发性和缓发性的环境灾害监测以及这些灾害对海洋生态系统的影响评估。这些应用包括对赤潮与大型漂浮藻类暴发监测、海面溢油的目标识别与油膜厚度估算、海洋低氧区的监测等。使用水色遥感技术评估环境生态灾害是一个新兴的研究领域，一方面还需要进一步深入研究适用于不同环境灾害监测相关的方法模型，另一方面还需要拓展其他海洋生态环境灾害（如近海水母旺发、海岸淤积与侵蚀等）的监测与预警。

# 第7章　水色学与浅水地形

## 李忠平[1]　冯　炼[2]

1 厦门大学海洋与地球学院,近海海洋环境科学国家重点实验室
2 南方科技大学环境科学与工程学院

浅水(海)地形包括两方面信息:底部深度与底质特征。这些信息不但是我们了解、管理近岸环境的基础,也是通过数值模拟量化海气交换、预测台风登陆导致的浪涌等的必要前提。同时,水深信息是船只安全航行的重要保障。另外,经济活动对整个环境变化和地球生态的关切,如矿物、海草、珊瑚的分布以及健康状况,底质信息也是重要的关注点。当然,浅水地形信息在军事上有极高的价值。然而,与认知陆地信息不同的是,直到今天,由于水的阻碍,我们了解到的全球海底地形的确切信息,包括近岸的浅水区,只在 10% 左右或更少(Copley,2014)。国际上通常采用的 ETOPO2(https://www.ngdc.noaa.gov/mgg/global/etopo2.html)水深数据库是基于有限的船基测量和卫星雷达测高估算而来,其不仅数据缺失,而且分辨率常不能满足要求。而浅水区的水深与底质信息可通过分析水色光谱获取。光学遥感方法获取浅水深度可分为两种完全不同的技术:以发射、测量激光回波的主动遥感和以测量、分解水体颜色光谱的被动遥感,本章关注浅水地形的被动遥感。

## 7.1　基于辐射传输的浅水地形遥感

人类对浅水(海)地形认知的革命来自于卫星的发射和运行以及人类对水体颜色变化的深入理解。自古以来,人们通过肉眼的观察已经认识到随着深度的变化,水的颜色也随之改变(如游泳池的深水区相对于浅水区)。因此,通过基于物理原理分解该颜色变化获取水深信息成为可能(Polcyn et al.,1970)。而卫星的升空让人们在几百千米高的天上有了观测地球的"眼睛",从而远远超过了"欲穷千里目,更上一层楼"的传统认知。以卫星图像数据为基础,人们则能够获得船基测量要花多个量级的时间和费用才可能采集到的大面积、高分辨率浅水地形图(图 7.1)。特别是对于很浅的水区(水深 5 米以内和比较清澈的水体),因为其太浅,导致船只抵达的风险太高,而水底的相对信号较强,所以卫星遥感比船基测量其地形有极大的优势。

通过分析水的颜色进行水深遥感可追溯至 20 世纪 60 年代或更早。从本质上说,浅水地形的卫星平台被动遥感是进行有效、准确地分解大气、水体、水底的信息。若以 $L_t(H,\lambda)$ 代表遥感平台(飞机或者卫星)获得的某一光谱通道($\lambda$)的辐亮度,其可表述为

$$L_t(H,\lambda) = L_a(H,\lambda) + t(H,\lambda)[L_{wc}(0,D,\lambda) + L_{Bot}(0,D,\lambda)] \tag{7-1}$$

式中，$H$ 为平台高度；$D$ 为水底深度；0 为水表面；$L_a$ 为大气对 $L_t$ 的贡献；$L_{wc}$ 为水柱对海表面辐亮度的贡献；$L_{Bot}$ 为水底对水表面辐亮度的贡献；$t$ 为大气的传输系数。可见，被动遥感水深是一个复杂的以光学原理为基础的多变量分解问题，其涉及的未知参数包括大气、水体、水底深度和底质特征。所有的水深、底质遥感算法都是尽可能地简化方程（7-1），期望以最高的准确度获得浅水信息。具体方法主要包括两种算法：经验算法和半解析算法。

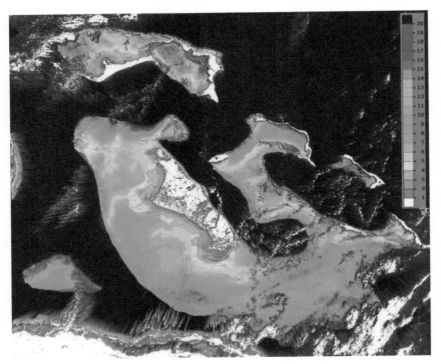

图 7.1　由 MERIS 海色光谱推算的安得茹丝岛（Andros Island，Great Bahamas）水深（m）

（引自 Lee et al.，2010）

### 7.1.1　经验算法

经验算法指通过对含有 $L_t$ 和 $D$ 的数据组进行回归、组合，由 $L_t$ 或者大气校正后的值获得 $D$（或者包括底质分类）的一种算法。其又可以分为显性经验算法和隐性经验算法。

显性经验算法是指回归分析后得到一个明确的以 $L_t$ 为输入、以 $D$ 为输出的方程式。其历史非常悠久，且是基于水色遥感水深最原始的方法（Polcyn et al.，1970；Lyzenga，1978）。

隐性经验算法则是指通过神经网络类的计算机软件手段达到以 $L_t$（或者 $R_{rs}$）为输入、以 $D$ 为输出的目的（Sandidge and Holyer，1998）。但这类方法、算法没有一个显性的公式描述 $D$ 与 $L_t$ 的关系，即所谓的"黑盒子"，所以笼统地称为"隐性"。

这些经验算法因为其"建模"的容易性，所以至今依然为一些研究人员采用。但该类算法的先天缺陷是：①由数据决定，没有数据则没有算法。②获得的算法较难有通用性，基本只适用于建立算法的数据组范围。这是因为经验算法获得的算法参数与水体、大气的性质、状态有关，而水和大气都是迅速变化的，一组数据或者一个地方的数据难以代表其他地方或者其他时间的情况。这也是过去几十年使用遥感获取水深的应用不够理想的一个根本原因。

### 7.1.2　半解析算法

半解析算法指根据光的辐射传输机理建立反演模型获得深度和底质特征的算法。其特点是一旦设定了，该算法就不再局限于某一特定区域或者某一特定数据，而有更广泛的适用性。半解析算法不但反演结果的准确度更高（Dekker et al., 2011），且能够同时获取水质和底质参数信息。其基本原理为，在大气校正并转换为水表面下的遥感反射比（$r_{rs}$）后，方程（7-1）可以表述为

$$r_{rs}(\lambda) \approx r_{rs}^{wc}(D, \lambda) + r_{rs}^{Bot}(D, \lambda)$$
$$= F_1[a(\lambda), b(\lambda), D] + F_2[a(\lambda), b_b(\lambda), \rho(\lambda), D] \tag{7-2}$$

式中，$\rho$ 为底质的反射率光谱；$F_1$ 和 $F_2$ 为两个函数。

由于式（7-2）的未知数 $[a(\lambda), b_b(\lambda), \rho(\lambda), D]$ 大大多于方程的已知数 $[r_{rs}(\lambda)]$，因此必须对 $[a(\lambda), b_b(\lambda), \rho(\lambda)]$ 建立基于生物—光学光谱特征的模式方能分解方程（7-2），从而求得 $D$ 值。在对 $[a(\lambda), b_b(\lambda), \rho(\lambda)]$ 建立模式之后，方程（7-2）成为一个由包括水深、底质和水体固有光学量在内的有限变量决定的光谱函数，从而可以通过模型与实测遥感反射率的优化匹配来求得水深等参数。在此过程中，水深、水体的固有光学量等没有特别的限制。基于此，海色遥感界在近 20 年里进行了一些尝试并取得了突出的成效（Garcia et al., 2018；Goodman and Ustin, 2007；Lee et al., 1999）。图 7.2 所示为通过光谱优化分解高光谱数据获得底质分布信息的例子。

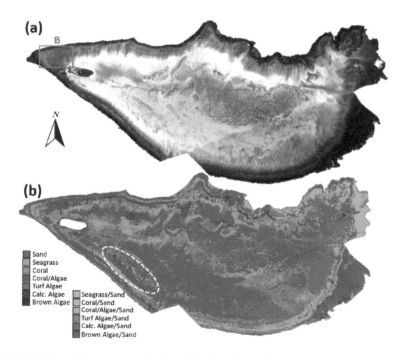

图 7.2　（a）澳大利亚黑容礁（Heron Reef）全色图；（b）通过分解高光谱遥感反射率获得的底质分布信息
（引自 Garcia et al., 2018）

另外一种求解方程（7-2）的方法是基于数据库的优化法（LUT）（Hedley and Mumby, 2003; Mobley et al., 2005）。其原理是：根据已知的某一区域的 $[a(\lambda), b_b(\lambda), \rho(\lambda), D]$ 的范围，通过精确的数值模拟，建立 $r_{rs}(\lambda)$ 光谱数据库。在反演求解时，对于任何一条遥感器获得的 $r_{rs}(\lambda)$ 光谱，在数据库中去寻找、选择与其最相近的光谱，而与之对应的 $[a(\lambda), b_b(\lambda), \rho(\lambda), D]$ 则接受为对 $r_{rs}(\lambda)$ 光谱的求解。在根本机理上，LUT 与前面所述的光谱优化法是一致的，即通过光谱的匹配来寻找最合适的水体、地形参数。但是，LUT 的寻找区间是由预先设定的 LUT 决定的，而半分析光谱优化法则在一个"无限"的区间寻找最优环境参数。这也就不难理解，当一个需要遥感的区间在预设的 LUT 范围之外时，半分析光谱优化法的反演结果远好于 LUT 的反演结果（Dekker et al., 2011）。

## 7.2  基于水迹线变动的方法

基于辐射传输规律的水深遥感方法适用于较清洁的水体。对于浑浊的内陆湖泊水体（如鄱阳湖），光信号难以传输到水底，致使基于水体辐射传输的地形或水深探测方法失效。对于高动态的内陆湖泊，其水深则可以采用基于水迹线的变化特征来计算。以下将以悬沙浓度可达 $100 \text{ g} \cdot \text{m}^{-3}$ 以上的浑浊鄱阳湖水体为例，说明基于水迹线变动的水深提取方法。

鄱阳湖水体范围的显著性季节变化为遥感获取其水下地形提供了可能性。首先可以通过单波段阈值法、归一化水体指数（normalized difference water index, NDWI）、归一化植被指数（NDVI）等方法（McFeeters, 1996; Xu, 2006）在遥感影像上将水体与陆地进行区分，再利用图形学的处理算法提取出水陆边界线。鄱阳湖水体范围年内变化明显，当水域面积从最大值开始减小时，洲滩湿地逐渐裸露出来，同时水陆边界线向湖中心收缩。如果整个湖面水平且水位一致，缩减过程中的水陆边界线从地理上可以认为是等深线。然而，湖流由南及北流入长江，在大多数情况下，湖泊水位南高北低，需要用实测水文站点的水位信息修正湖泊的南北水位差（图7.3）。方法是把所获取的水边界线高程投影到参考基准面上，即获得了湖底的

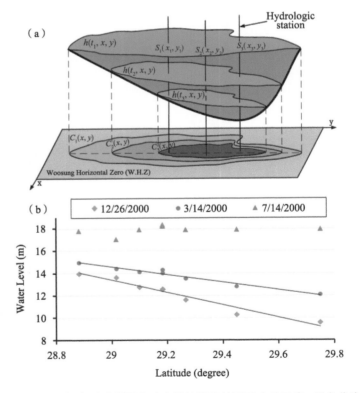

图 7.3　（a）遥感提取高动态湖泊湖底地形的方法示意，绿色代表 MODIS 获取的湖泊水陆边界线 $h(t_{1-3}, x, y)$，而实线（$S_{1-3}$）代表湖泊的实测水文站；（b）$t_{1-3}$ 3 个时间上鄱阳湖 7 个水文站点实测水位数据（引自 Feng et al., 2011a）

"水深线"图；然后，对投影到同一参考面的"水深线"进行空间插值处理，即可生成一个平滑而连续的湖底地形图（Feng et al., 2011a）。据此，每年都可以利用此方法生成一个湖泊地形图（图 7.4）。

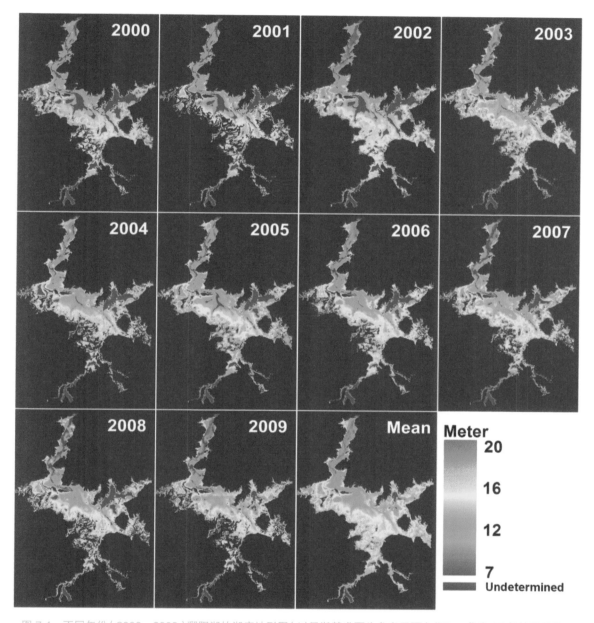

图 7.4　不同年份（2000—2009）鄱阳湖的湖底地形图（以吴淞基准面为参考平面），"Mean"为 10 年的平均值，未确定区域（"Undetermined"）位于湖泊年际最小水体范围以内（引自 Feng et al., 2011a）

进一步，利用遥感获取的湖底地形与实测湖泊水位数据，任意一景 MODIS 数据均可用来计算鄱阳湖的蓄水量。其计算公式如下：

$$D(T, x, y) = Z_1(T, x, y) - Z_2(x, y) \tag{7-3}$$

$$V = \iint D(x, y) \mathrm{d}x \mathrm{d}y \tag{7-4}$$

式中，$D(T,x,y)$ 为在 $T$ 时刻、位置为 $(x,y)$ 的水深；$Z_1$ 为水面高程；$Z_2$ 为湖底高程。将水深在整个湖泊进行积分，即式（7-4），则获取了 $T$ 时刻鄱阳湖的蓄水量。鄱阳湖在连续两景 MODIS 数据获取时间之间的蓄水量变化速率可以用以下公式估算：

$$\Delta V = (V_{T_1} - V_{T_2})/(T_2 - T_1) \tag{7-5}$$

式中，$V_{T_1}$ 和 $V_{T_2}$ 为相应 $T_1$、$T_2$ 时刻的蓄水量。因此，鄱阳湖的水量收支状况可以估算为（Feng et al.，2011b）

$$\text{Outflow rate} = \Delta V + G_{\text{net}} + \text{Runoff} + P \cdot A - \text{ET} \cdot A \tag{7-6}$$

式中，Outflow rate 为鄱阳湖注入长江的水量出湖率（支出）；Runoff 为流域内五河的实测总径流量（收入）；$P$ 为湖面上的降水量（收入），可以通过 TRMM 降雨卫星数据获取；ET 为蒸发量（支出），可以利用气象参数估算得到；$A$ 为鄱阳湖的水体范围，通过 $T_1$、$T_2$ 时刻 MODIS 提取的水面积在时间上进行插值获取；$G_{\text{net}}$ 为地下水交换率。图 7.5 给出了 2000—2009 年间鄱阳湖的月出湖流速（outflow rate）、入湖流速（inflow rate）、出湖流速的距平百分比（anomaly），以及湖泊蓄水量的变化（change of lake volume）。

## 7.3 浅水地形遥感的趋势和挑战

虽然在过去的 20 多年里，通过遥感水色获取浅水信息取得了很大的进步，但是被动遥感水深、底质特征还有诸多挑战。这些包括：

（1）混合像元的底质分类和水深反演。对于较浅且底质比较单一的水底，如纯的沙底、海草床等，目前的被动遥感手段能够比较好地判别出来，且遥感获得的水深也比较准确。但是，对于近岸浅水区，几米见方的一个区域的底质通常都属于混合像元，1000 米见方则基本不是纯的，而是 2 种（如海草和沙）或者多种（如多种珊瑚）底质混合组成的。而混合像元的量化描述及反演依然是个挑战。以一个二元混合像元为例：低反射率的幽暗海草床占面积的 70%，高反射率的明亮沙底占面积的 30%，但像元的反射率（$\rho$）主要由沙底而不是海草决定。因此，如何通过被动遥感来比较准确地估算一个像元内各种成分的占比还需要进一步探索。同样地，一个像元内的水深也可能是不均匀的，而遥感获得的水深是像元内各种水深的非线性加权平均。几年前 Lee 等（2012）给出了一个极简化的概念性解释，但需要进一步改进该模型，使得其结果足以用来验证高低不平区域的遥感水深。

（2）假浅水。浅海地形的被动遥感是通过数值求解方程（7-2）来实现的，而在一些特殊情况下，如在水表层下的再悬浮泥沙，依据水色的光谱特征很容易被误判为浅的沙滩。除了多次遥感观测以及已知的一些地形数据，如何通过光谱分析确认假浅水也是目前面临的一大挑战。

（3）暗底的光学浅水。由方程（7-2）可见，$D$ 在右边两项里面都出现。因此，从理论上说，若是一完全黑底的光学浅水（右边第二项为 0），则 $D$ 的值依然是有可能通过分解方程（7-2）获取的。这种条件下的水深遥感，其可行性的环境要求又是一有待探讨的问题。

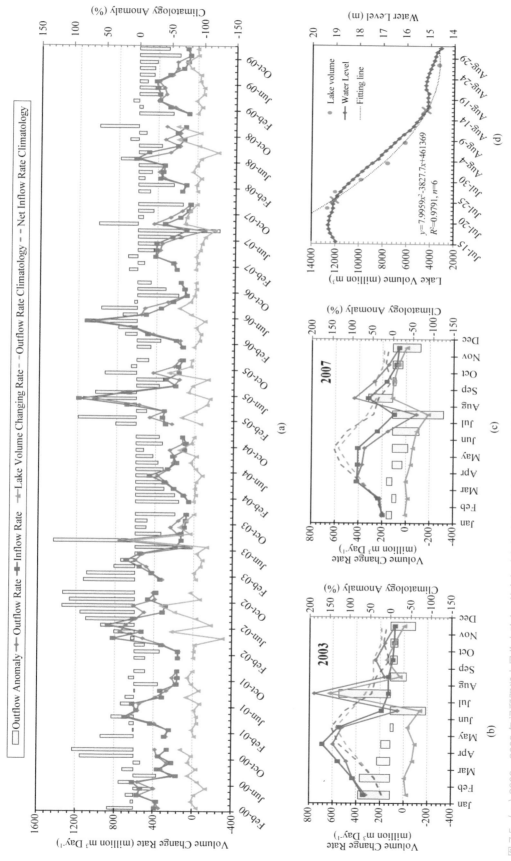

图7.5　（a）2000—2009 年间鄱阳湖水量收支动态，其中（b）和（c）分别放大显示了 2003 年与 2007 年的数据，出湖与入湖水量数据的距平值都是以 2000—2009 年的平均值为基准。（d）2003 年 7—8 月间，鄱阳湖湖口处的实测水位数据与湖泊蓄水量数据之间表示从 2003 年 7 月 25 日到 8 月 16 日，湖口水位从 19.0 m 迅速下降到 15.1 m，同时湖泊的蓄水量减小了将近 2/3（引自 Feng et al., 2011b）

（4）对于水面动态范围变化较大的水体，基于水迹线的方法是一种获取浅水地形的有效途径。然而，对于中分辨率或者低分辨率图像，准确地区分水陆边界依然是个挑战。同时，需要已知一处或多处水体边界的高程信息，但不是每一个水体都满足该条件。

克服以上困难的关键应该是多源数据的融合，包括被动遥感与激光、微波遥感的融合，等等。即若通过另外的手段、渠道能够知道一副遥感图像里某些部分的水底深度或者水质，那么就能够进一步优化算法和判别方式，从而提高被动遥感的产品精度。对于这方面，激光雷达数据应该能够提供很好的帮助。激光雷达获得离散点的数据，而光谱成像仪器获得多（高）光谱的大面积数据，两者的融合则有可能既提高被动遥感水深的准确度，又扩展激光遥感的离散数据至大范围的连续图像。

## 7.4　小　结

卫星遥感因其对全球的覆盖能力，所以可以自主地对目标区域获得图像和光谱数据，从而基本可以不受他国限制地获得浅水区域的水深与底质数据信息。基于此，相较于船基测量，特别是对那些船只不能或者难以抵达的水域，卫星遥感拥有无可比拟的优势。过去的几十年里，水色界在浅水地形的遥感上取得了长足进步，但其应用依然不尽如人意。随着传感器的进步（包括通道的增加、分辨率和信噪比的提高）和光谱分析处理能力的进一步提高，相信通过水色遥感获得的浅水地形将更加准确，从而大大提高其产品的应用价值。

# 第8章　水色学与海洋渔业和海洋生态系统

崔廷伟

自然资源部第一海洋研究所海洋物理与遥感研究室

海洋是资源的宝库,其中渔业资源蕴藏量巨大,可为人类提供丰富的海产品。实现海洋资源的有序开发和可持续利用,加强海洋生态环境保护,促进基于生态系统的海洋管理,已成为广泛共识。本章简要介绍卫星水色遥感在大洋渔业、海水养殖等海洋渔业资源管理中的应用研究进展,概述保护珊瑚礁、红树林、海草床三大典型海洋生态系统对卫星水色遥感技术的迫切需求,综述水色遥感在海洋生态系统指示因子提取和空间结构划分中所发挥的重要作用,最后对水色遥感在珍稀海洋动物保护中的应用进行了评述。

## 8.1　大洋渔业

随着全球人口的持续增长,对食物的需求不断增加,渔业资源面临的压力日益增大。虽然过去的半个世纪全球渔获量增长了 4 倍多(FAO Fisheries Department,2007),但受到过度捕捞和渔业资源枯竭的影响,2000 年以来的全球实际捕捞量一直保持基本不变或有所下降(Hilborn et al.,2003)。在此背景下,迫切需要加深对海洋生态的理解,改善渔业管理,最大限度地利用好现在和未来的海洋生物资源。

人们越来越认识到,长期以来采用的专注于某些特定鱼类的渔业管理方法是不够的(Browman and Stergiou,2005;Sherman et al.,2005),需要采用更为先进的以生态系统为基础的管理方法。尽管水色卫星数据并不能提供上述管理方法所需的全部信息,但其所具有的高时空分辨率仍使其成为监测海洋生态系统以实施更有效管理的有力工具。

水色卫星数据应用于大洋渔业管理有两种方式:一是进行大尺度高分辨率的环境监测,理解海洋生态系统演化过程,以更好地掌握渔业资源量和补充量;二是定位鱼群、预测渔区,以提高捕捞效率或通过减少人类活动(如禁渔)加强渔业资源保护。此外,还可以用于监测影响渔业的一些环境问题,如有害藻华(赤潮)、陆源污染等。

### 8.1.1　渔业资源调查

海洋渔业资源的时空分布与海洋环境紧密相关。利用水色卫星资料提取海洋生态环境信息可确

---

部分内容源自 IOCCG Report #7 第 6、8 章。

定部分鱼类资源的时空分布信息，提高渔业资源调查的效率（官文江等，2017）。

水色卫星反演得到的叶绿素浓度对于浮游植物生物量具有指示作用，而后者是海洋食物网的基础。以凤尾鱼和沙丁鱼为例，在其生命周期中的某些时段以浮游植物为食，相应地，上述鱼类的资源量通常与叶绿素浓度之间存在直接联系（Ware and Thomson，2005；曹杰等，2010；魏广恩和陈新军，2016）。同时，结合水色卫星数据获得的海洋初级生产力与渔获量、食物网模型，可进行全球渔业承载力的评估。在此方面，梁强（2002）利用海洋初级生产力遥感资料估算了东海中上层鱼类的资源量，官文江等（2013）揭示了东海南部海洋净初级生产力与鲐鱼资源量变动之间的关系，而余为等（2016）对西北太平洋净初级生产力与柔鱼资源量的变动关系开展了研究。此外，对于光合有效辐射这一影响海洋初级生产力的重要参数，基于水色卫星数据发现其对茎柔鱼资源丰度和空间分布有显著影响，且该调控作用在不同气候条件下呈现不同的变化规律（余为和陈新军，2017）。

卫星估算的初级生产力与统计的渔获量之间的偏差可被用于证明全球渔获量数据存在虚报的可能（Watson and Pauly，2001）。在上述情形下，海洋水色卫星资料可被视作重要的客观基准来衡量其他数据的可靠性。

### 8.1.2  渔业资源补充

渔业海洋学的一个基础问题是理解环境变化如何影响每年的渔业资源补充量（recruitment）。大多数的鱼类都经历了浮游幼虫阶段，在该阶段的鱼类受海洋环流的影响非常大，而且适合的水温范围很小，获得合适的食物来源就显得至关重要。因此，许多鱼类都会选择在浮游植物含量高的季节进行繁殖。

渔业研究中长期存在的一个假设是，鱼类产卵与浮游植物季节性暴发在时间上的吻合程度决定了渔业资源能否成功补充（Cushing，1990）。因为船测数据的时空分辨率存在严重不足，所以该假设很难利用传统的船测数据进行研究，而从海洋水色卫星数据中可以清楚地看到浮游植物季节性暴发的时间和范围以及其年际变化。

在加拿大新斯科舍的陆架海域（the Nova Scotia Shelf），将水色卫星确定的春季浮游植物暴发时间与现场观测的黑线鳕（haddock，产于北大西洋的一种重要的经济鱼类）幼体数据进行对比（图8.1），发现黑线鳕渔获量高的年份与浮游植物春季藻华提前暴发密切相关，从而证实了上述假设（Platt et al.，2003）。另一项研究（Fuentes-Yaco et al.，2007）则揭示了春季藻华暴发的时间与虾的生长速率之间存在联系。这些研究还表明，利用水色遥感数据有可能将海洋生态系统导致的渔业资源变化与人类活动等因素的影响区分开来。

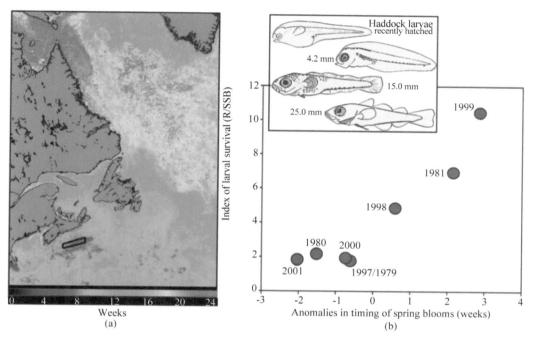

图 8.1　（a）水色卫星得到的西北大西洋 2—7 月浮游植物生物量最大值出现的时间，蓝色表示早期的春季藻华（3 月），红色表示末期的春季藻华（7 月）；（b）黑线鳕幼虫指数与藻华时间异常之间的关系（引自 Platt et al., 2003）

### 8.1.3　渔区预测

随着易捕获的渔业资源日趋减少，渔业资源空间分布的确定变得更具挑战性，渔业成本也随之提高。卫星数据所揭示的海洋学特征（如锋面、上升流等）可用于判识鱼类聚集和迁移的位置，从而提高捕捞效率、降低渔业成本（Chen et al., 2005；Fiedler and Bernard, 1987；Laurs et al., 1984）。

过去 20 多年来，渔民一直在利用卫星得到的海表温度（SST）数据和水色卫星图像来辅助渔业捕捞，因为水温或水色的空间梯度通常指示了较高的浮游植物生产力。以印度为例，最初利用卫星数据判识"潜在捕捞区"的方法是探测 SST 梯度，这些区域通常有鱼类聚集。该方法的不足是 SST 仅反映了海表的温度，而海表升温将导致水柱明显分层，且卫星无法探测次表层锋面。此外，SST 锋面结构还会受到海面风场或海流的影响（Dwivedi et al., 2005），因此仅利用 SST 图像通常并不足以判识潜在捕捞区。

与 SST 锋面不同的是，从水色遥感的叶绿素图像中探测到的锋面是真实的生物锋面，可更好地反映鱼类的分布信息（图 8.2）。实践证明，综合利用水色信息的捕获量和成功率优于单独使用 SST 的结果。Nayak 等（2003）利用成本利润分析法评估了渔区遥感预测对鱼类捕捞的影响，结果表明卫星数据的使用提高了渔业经济效益。使用上述方法，印度有关部门每周制作 3 次报告，提供诸如鱼类分布位置及其与不同渔港的距离等信息，然后通过传真、电话、互联网、报纸、广播等方式免费传递给当地渔民。利用这些信息，确定鱼群位置的时间缩短了 70%，大大增加了捕获量（Solanki et al., 2003；Zainuddin et al., 2004）。

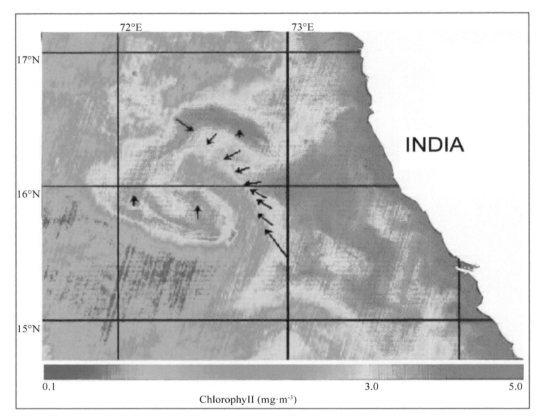

图 8.2　水色卫星得到的叶绿素浓度分布（其中箭头指示的是捕鱼的位置）
（图片来自 Dwivedi R.M.，Indian Space Research Organisation，India）

## 8.2　海水养殖

海水养殖是利用沿海的浅海滩涂养殖水生经济动植物的生产活动。我国是举世闻名的海水养殖大国，2011 年的海水养殖水产品产量占全国海水产品总产量的 53%，占全球海水养殖水产品总产量的 80%（董双林，2011）。

卫星遥感技术已成为提取海水养殖面积、类型及其长时间演变信息的主要技术手段。所使用的卫星数据主要以 Landsat 系列、中巴资源卫星 CBERS、环境卫星 HJ-1 等中高分辨率的光学遥感数据为主，监测的养殖类型涉及网箱养殖、延绳式养殖、浮筏养殖、池塘养殖等，监测的养殖水产品主要包括鱼类、贝类、对虾、大型海藻等，而方法则多采用目视解译、监督分类等信息提取方法。

作为示例，图 8.3 给出了近 30 年来山东省沿海养殖用地的卫星遥感监测结果（徐源璟等，2014）。从图中可以看出，山东沿海地区养殖区面积呈增加趋势，但不同地市有所差异，其中东营市养殖面积增长速度最快，共净增加 608.2 km²。从全国（大陆）范围来看（图 8.4），沿海养殖池总面积从 1985 年的 2606.6 km² 增加到 2010 年的 12099.5 km²；沿海各省市的养殖池面积都有明显增加，其中广东省增幅最大，为 3567.2 km²（姚云长等，2016）。

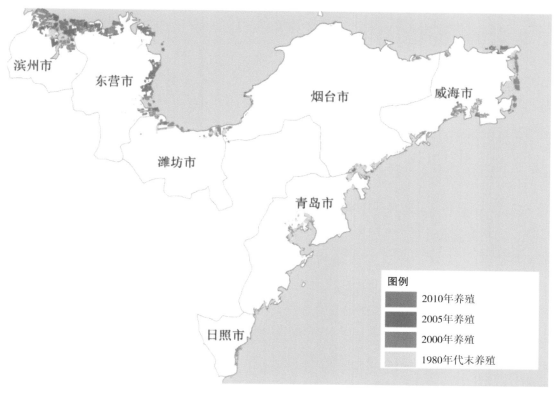

图 8.3　1980 年代末—2010 年山东沿海养殖用地分布（引自徐源璟等，2014）

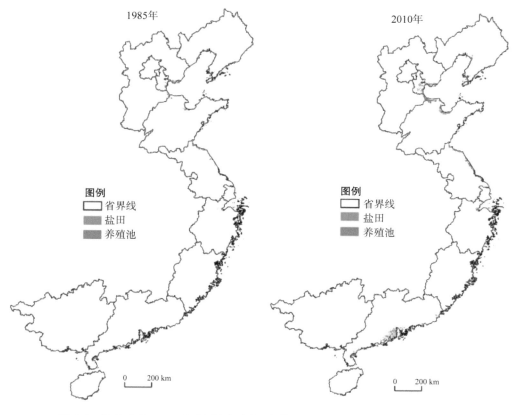

图 8.4　1985 年和 2010 年中国（大陆）沿海养殖池分布（引自姚云长等，2016）

## 8.3 典型海洋生态系统监测

红树林、珊瑚礁和海草床是 3 种典型的海洋生态系统，其作为多种海洋生物的繁殖地和栖息地，以生物多样性丰富、生产力高著称。保护海洋生态环境和生物多样性，迫切需要加强对这 3 种典型海洋生态系统的监测。

### 8.3.1 珊瑚礁

正常情况下，珊瑚会呈现多种色彩，但这些颜色并非珊瑚本身所有，而是来自寄居于珊瑚体内的藻类。微小的共生藻通过光合作用为珊瑚提供能量，没有了这些藻类，珊瑚就会变白，最终因失去营养供应而死亡。

近 30 年来，全球珊瑚礁已经历了 3 次大规模的白化事件（Hughes et al., 2017）。1970 年以来，全球范围内的珊瑚礁覆盖率下降了 50%，剩余部分的 75% 也面临着健康威胁（Burke, 2011）。气候变化引起的海洋温度上升被认为是大范围珊瑚白化的主要原因。

卫星遥感为珊瑚礁白化监测提供了重要技术手段（Strong et al., 1997；潘艳丽和唐丹玲，2009）。图 8.5 给出了西沙赵述岛珊瑚礁白化的卫星遥感监测结果（Yang et al., 2016）。

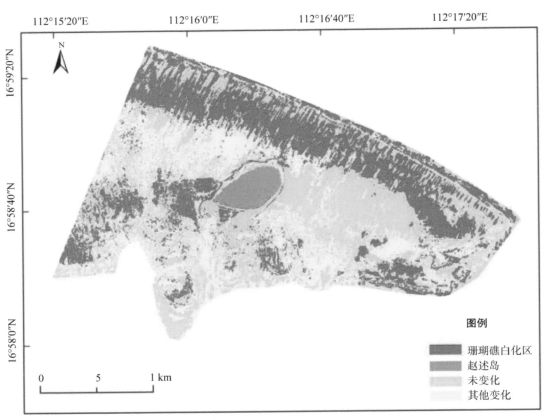

图 8.5　西沙赵述岛礁盘珊瑚礁白化遥感监测结果（引自 Yang et al., 2016）

### 8.3.2 红树林

红树林是热带、亚热带海岸潮间带特有的胎生木本植物群落,具有防风消浪、固岸护堤等生态功能。

我国的红树林主要分布于广西、广东、台湾、海南、福建和浙江南部沿岸,其中广西红树林资源量最丰富,其红树林面积占中国红树林面积的 1/3。近 40 年来,由于围海造地、砍伐等因素的影响,我国红树林面积大幅减少。图 8.6 给出了卫星遥感提取的 2010 年我国红树林分布情况(吴培强等,2013)。

从全球范围来看,红树林的生存也正面临着严重威胁。联合国环境规划署 2010 年发布的全球红树林评估报告指出,自 20 世纪 80 年代以来,全球红树林面积已缩减了至少 1/5,目前仍以年均 0.7% 的速率递减。

卫星遥感技术在红树林监测与评估方面发挥了重要作用(Kuenzer et al., 2011),所提取的信息涉及空间分布(Valiela et al., 2001;梁浩等,2016)、种类(Everitt et al., 2008)、生物量(Proisy et al., 2007)、郁闭度(Kovacs et al., 2008)、虫害影响(曹庆先,2017)等。虽然红树林监测所采用的卫星数据以中高分辨率的宽波段光学卫星数据为主,但其结果与窄波段的水色卫星获取的周边水环境参数有重要的关系,对深化海岸带及近海生态系统碳循环的科学认识具有重要作用。

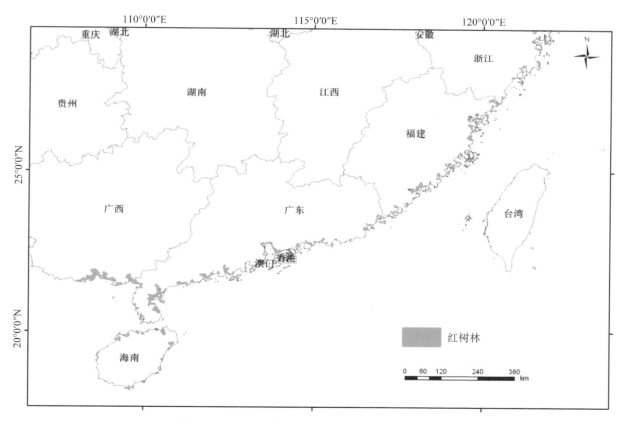

图 8.6 2010 年我国红树林分布(引自吴培强等,2013)

### 8.3.3 海草床

海草（seagrass）属于大型沉水植物，具有高等植物的特征，能在水中完成其生活史。全球海草共有 12 属 50 多种，分布在我国的包括大叶藻（*Zostera*）、虾海藻（*Phyllospadix*）、二药藻（*Halodule*）、海神草（*Cymodocea*）、针叶藻（*Syringodium*）、海菖蒲（*Enhalus*）、泰来藻（*Thalassia*）、喜盐草（*Halophia*）等。

大面积的连片海草被称为海草床，它是许多大型海洋生物甚至哺乳动物赖以生存的栖息地，具有较高的生产力和物种多样性，可以和上升流生态系统、珊瑚礁生态系统和盐沼生态系统相媲美。海草床具有重要的生态功能，如固着底质、稳固潮滩、为一些海洋动物（儒艮、海龟等）提供食物、减少颗粒物再悬浮以净化水体、为众多生物提供多样的生境等。

目前全球海草床呈现退化趋势，自然干扰和人类活动的负面影响是其退化原因，且以后者为主。海草退化的生理生态机制主要是光合作用速率变慢，光合色素含量减少。

卫星遥感在海草分布的观测和研究中扮演着越来越重要的角色（杨顶田，2007）。从卫星水色遥感数据中提取海草信息，必须准确地剔除水体的影响，因此水体校正是海草生态系统遥感监测和研究中最关键的一步。作为示例，图 8.7 给出了从卫星遥感数据中提取的山东半岛东部天鹅湖海草分布信息。从中可以看出，20 世纪 90 年代之前，海草分布面积相对较广，约为湖面积的 3/4；21 世纪初期，海草分布面积急剧减少，仅占到湖面积的 1/6~1/5。此后，随着对海草的重视，采取了较多的措施保护海草，海草才得以逐渐恢复。

## 8.4 基于生态系统的海洋管理

以生态系统为基础的海洋管理正成为全球共识（Garcia and Cochrane，2005），相应地，需要发展相关指标来量化海洋生态系统的健康、活力和韧性。这些指标应给出生态系统的客观度量，而且应能够持续地业务化应用，以高的时空分辨率探测环境扰动可能带来的生态系统变化。水色遥感数据能够满足上述严苛的条件，由其反演得到的浮游植物生物量是海洋生态系统的重要参数。虽然水色遥感不能够提供基于生态系统的海洋管理所需的全部信息，但它可以非常经济的方式刻画大洋的近实时状态。

### 8.4.1 海洋生态系统指示因子提取

（1）描述浮游植物春季藻华的指标。在中纬度海域，浮游植物春季藻华是季节变化的主要反映，许多生物的繁殖期与其同步，因此春季藻华的时间波动可对海洋生态系统产生深远影响。对于卫星图像中的每一个像素，都可以用叶绿素浓度的时间序列来表征春季藻华的强度（图 8.8）。此外，还可以利用阈值客观地确定春季藻华的开始时间、峰值时间、持续时间等指标。由于这些指标仅依赖于时间，不依赖于绝对值，因此不会受到多源数据融合的影响。这些时间序列数据可用于研究春季藻华的年际变化。

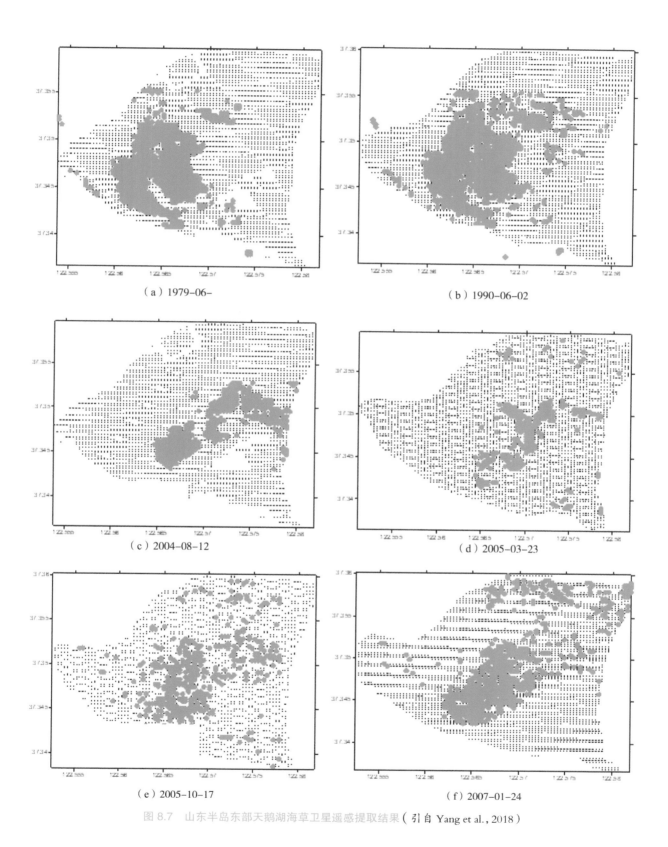

（a）1979-06-　　　　　　　　　　　（b）1990-06-02

（c）2004-08-12　　　　　　　　　　（d）2005-03-23

（e）2005-10-17　　　　　　　　　　（f）2007-01-24

图 8.7　山东半岛东部天鹅湖海草卫星遥感提取结果（引自 Yang et al., 2018）

（2）描述浮游植物生产力的指标。水色数据能够用于估计浮游植物的生产力，即初级生产力（Platt and Sathyendranath，1993）。由时间序列的初级生产力数据可确定春季藻华的时间，估算春季藻华总生物量和年生物量。

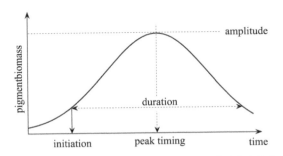

图 8.8　由时间序列的叶绿素浓度数据客观地描述春季藻华特征
（引自 Platt and Sathyendranath，2008）

（3）描述其他群落过程的指标。水色数据能够用于估计浮游植物损失量（目前能够给出该估计的方式非常少），用于耦合生态系统模型，求解 Sverdrup（1953）方程，以预测春季藻华。

（4）与浮游植物群落结构相关的指标。水色数据能够用于提取浮游植物群落组成和功能群，这对于生物地球化学通量研究非常重要。由于富营养水体中大粒径的浮游植物占比高于贫营养水域，而水色数据包含了水体营养状态或叶绿素浓度的信息（Bouman et al.，2005；Chisholm，1992），因此可由水色数据提取浮游植物群落的粒径结构信息。此外，通过水色反演得到的吸收光谱，Devred 等（2006）利用两组分模型得到了微微型浮游生物和微型浮游生物的比例。

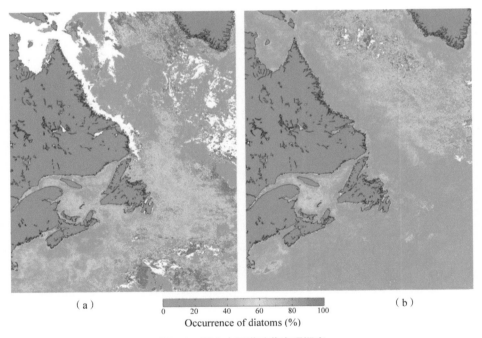

图 8.9　西北大西洋硅藻出现概率
（a）春季（2006 年 4 月 16 日到 30 日）；（b）夏季（2006 年 8 月 16 日到 31 日）
（图片来自 Emmanuel Devred，Dalhousie University，Canada）

### 8.4.2　海洋生态系统空间结构划分

许多水色遥感应用针对的都是全球尺度的问题，如海洋在地球系统碳循环中的作用及其对气候变化的影响。尽管这些问题本质上是全球尺度的，但是从生态上讲，我们不能把海洋当成均一的整体，而是要将海洋生态系统视作连通的若干子系统，而每个子系统内部的相互作用远强于各子系统之间的相互作用。我们将其称之为海洋生物地球化学的分区（Longhurst et al., 1995）。在进行全球海洋生态系统评估时，首先对每个"区"进行单独计算，然后再将其整合为全球的结果。图 8.10 给出了 Longhurst（2006）的结果，其假设浮游植物生态受物理驱动的控制，根据（与浮游植物有关的）物理驱动的空间格局将全球海域划分为约 60 个区。

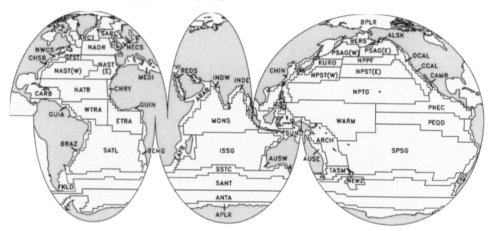

图 8.10　海洋生物地球化学分区（引自 Longhurst, 2006）

事实上，这些区的边界应该是动态调整的，即随着时间的推移和季节的演替发生变化。如果我们想描绘任意时刻的边界，那么水色遥感数据将发挥重要作用，因为它可以提供全球大洋的完整观测（Devred et al., 2007; Platt and Sathyendranath, 1999），结果如图 8.11 所示。以上述方式划分的"区"在海洋学和海洋生物地球化学研究中有诸多应用，如为海洋保护区的选址提供参考。

## 8.5　珍稀海洋动物保护

### 8.5.1　露脊鲸

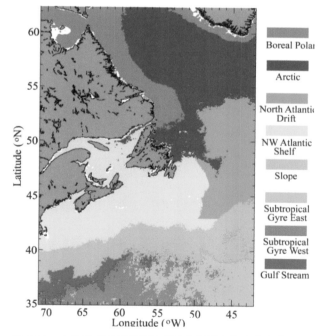

图 8.11　水色遥感数据确定的西北大西洋生物地球化学分区（图片来自 Emmanuel Devred, Dalhousie University, Canada）

露脊鲸（right whales）是最濒危的海洋生物之一，全球仅存约 350 只。露脊鲸数量严重减少的历史原因是商业捕鲸，但目前北大西洋露脊鲸死亡的主要原因是船舶撞击。北大西洋露脊鲸的主要栖息地是船舶交通繁忙的沿岸或陆架海域，NOAA 采取的保护措施是确定露脊鲸种群的位置，并减少该区域的船舶通行量,以降低露脊鲸与船舶碰撞的次数,包括在露脊鲸经常出现的区域限制捕鱼等人类活动。露脊鲸位置的预测采用了卫星 SST 和水色数据,因为露脊鲸的分布与其食物(类钙足类,*Calanoid copepods*)的分布密切相关(Kenney et al., 2001),而卫星叶绿素数据可较好地指示该类生物的产卵量,将其与 SST 数据结合可估计该类生物的发育时间,并最终预测露脊鲸可能聚集的区域。

### 8.5.2 蠵 龟

卫星水色数据结合海龟定位数据表明,北太平洋的叶绿素锋面是濒临灭绝的蠵龟(loggerhead turtles)重要的觅食地和迁移途径(Polovina et al., 2004),它们随着锋面在高叶绿素浓度的海洋涡旋中觅食(图 8.12)。将海洋动物的运动和活动与卫星反演的海洋特征联系起来,是理解海洋生态系统中环境与种群关联的一项重要研究进展。

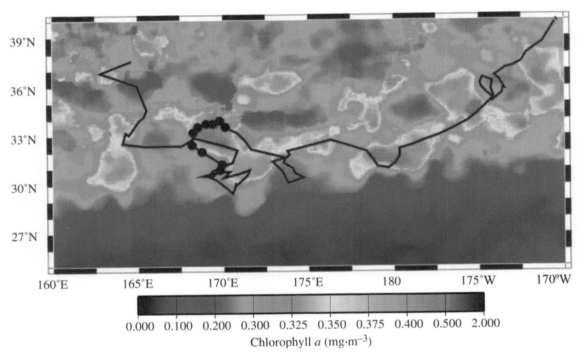

图 8.12　水色卫星得到的叶绿素分布
(图中的黑线是卫星定位数据显示的蠵龟迁移路径)(引自 Polovina et al., 2004)

## 8.6 小 结

水色遥感已广泛应用于海洋渔业和基于生态系统的海洋管理,在渔业资源调查、渔区预测、海水养殖、典型海洋生态系统监测、珍稀海洋动物保护等诸多方面都发挥了不可替代的作用。未来的研究将聚焦于深入理解海洋渔业资源与浮游植物时空分布的关联关系、认知环境变化对浅海脆弱生态系统的影响机理等方面,对此,卫星水色遥感无疑仍将继续发挥重要作用。

# 第 9 章　水色学和海洋碳循环

白　雁

自然资源部第二海洋研究所卫星海洋环境动力学国家重点实验室

　　相对于常规的海表物质浓度遥感反演算法和应用，本章更关注水色卫星遥感在海洋碳循环关键界面层（如海—气界面、陆—海界面、垂向界面、侧向输运等）碳输运通量和储量估算研究中的应用。通过多学科交叉研究，利用遥感定量化、长时间序列和大尺度宏观的观测优势，研究海洋碳循环关键参数的控制机理并进行量化估算，为蓝色碳汇评估和海洋碳管理提供科学支撑。

## 9.1　基于卫星遥感的海洋碳循环研究

### 9.1.1　海洋碳循环卫星遥感的重要性

　　自工业革命以来，人类活动引起的二氧化碳（$CO_2$）等温室气体排放已经对全球气候、生态安全和人类社会经济发展造成了显著影响。厘清全球碳循环过程中主要碳储量和通量的格局与变率、阐明碳循环动态变化的过程和机制、提出未来碳—气候—人类的系统变化和碳管理策略，是全球碳计划（http://www.globalcarbonproject.org/）科学框架的三大主题，也即监测（量化）、理解（归因）和管理（预测）。其中，监测／量化是最基础和核心的科学问题。海洋是全球最大的活跃碳储库，在调控地球生态系统及全球气候变化中起关键作用，蓝色碳汇亦已成为国际社会关注的焦点。由于缺乏足够时空分辨率的观测数据，基于实测的海洋碳汇估算结果存在很大的不确定性和挑战。卫星遥感获得的实时、大范围、长时序稳定的观测数据，在海洋碳通量和储量监测评估及海洋碳循环研究中具有极大的优势，也是推动海洋碳循环水色遥感应用发展的原动力。

　　虽然海洋碳参数（浓度、储量和通量）无法直接通过遥感获取的辐射信息进行反演，但近年来，借助多学科交叉研究，通过对海洋生物地球化学过程及碳循环调控机理进行解析和量化，研究人员在海洋碳循环遥感这一新兴领域取得了不少创新成果，并逐渐形成体系，也充分体现了卫星遥感在海洋碳循环研究中的优势。相对于传统海洋碳循环研究，基于遥感的海洋碳循环研究关键科学问题更关注于：①在不断变化的海洋碳系统中，各界面碳通量及内部碳储量的遥感反演机理；②碳参数的控制机制及量化方法、时空分布格局和演变及对全球变化的响应，减少碳通量和储量估算的不确定性。

---

部分内容源自 IOCCG Report #7 第 5 章。

9.1.2　海洋碳通量和储量相关参数

碳循环是地球生态过程的核心，它是指碳元素在大气（主要以 $CO_2$ 的形式）、海洋（表层水域、中层水域、深层水域及海洋沉积物）、陆地生态系统（植被、凋落物和土壤）、河流和入海口以及矿物燃料等不同碳库之间的迁移和转换（GCP，2003）。因此，不同界面层的碳通量和各碳库储量估算是碳循环研究的核心问题（图 9.1）。

海水中碳存在的基本形式可分为有机碳和无机碳两类，包括颗粒有机碳（POC）、溶解有机碳（DOC）、颗粒无机碳（PIC）、溶解无机碳（DIC）以及海水溶解 $CO_2$（常用 $CO_2$ 分压表示）。从浮游植物固碳的角度，海洋碳循环相关的参数还包括浮游植物吸光能力（传统上用叶绿素浓度表征）、初级生产力，以及浮游植物功能类群和粒径大小、浮游植物碳库含量、碳和叶绿素浓度比（C ：Chl）等。从不同界面层的碳通量来说，包括海—气界面碳通量、POC 向下输出通量、陆源入海碳通量、有机碳侧向输运通量等。有机碳库储量通常包括某一深度水柱积分的 POC 和 DOC 总量或浮游植物碳库总量。

利用遥感数据对上述碳通量和储量参数进行估算，除了反演海表有机碳和无机碳浓度，还需要考虑碳在水柱的垂直分布、颗粒沉降和食物网摄食代谢、碳输运水动力特征等复杂的碳循环过程。因此，遥感碳通量 / 储量具有极大的挑战。但相比于耗资巨大且离散的现场观测，卫星遥感估算可更有效地减少时空变异和采样不足带来的估算误差，提供高时空分辨率的定量化信息。可见，遥感是海洋碳循环研究不可或缺的方式 / 工具。

图 9.1　海洋碳循环不同界面通量和储量示意

## 9.2　海—气 $CO_2$ 通量遥感

### 9.2.1　海—气界面 $CO_2$ 通量计算方法

通常采用海—气界面 $CO_2$ 净通量来表征海洋是吸收还是释放 $CO_2$（碳源或碳汇）。目前，直接测量海—气 $CO_2$ 通量的技术（如涡动相关法等）尚未成熟，国际上主要采用海水和大气的 $CO_2$ 分压差与海—气界面 $CO_2$ 气体交换速率的乘积计算海—气 $CO_2$ 通量。海—气 $CO_2$ 通量的遥感估算方法与基于现场观测数据（包括断面、浮标和走航监测等）采用同样的计算公式，但计算参数的数据来源主要是遥感及模式数据产品。例如，大气 $CO_2$ 浓度可采用全球 $CO_2$ 本底站观测数据或大气环流模式 $CO_2$ 浓度数据（CarbonTracker）（Takahashi et al.，2009），也可以通过卫星进行观测。美国航空航天局（NASA）、欧洲太空局（ESA）、日本航天局（JAXA）都发射了二氧化碳卫星（NASA：OCO，OCO-2；

ESA: SCIAMACHY, CarbonSat; JAXA: GOSAT 等), 中国碳卫星也于 2016 年 12 月成功发射。海—气界面 $CO_2$ 气体交换速率通常表示为风速和波高等的函数, 可使用遥感风速及有效波高等数据进行反演 (Ho et al., 2006; Wanninkhof et al., 2009; Zhao and Xie, 2010)。海水 $CO_2$ 分压 ($pCO_2$) 与水体生物地球化学环境密切相关, 存在很大的时空变异, 其遥感反演难度较大, 是目前海—气 $CO_2$ 通量遥感估算的难点。

### 9.2.2　海水 $CO_2$ 分压 ($pCO_2$) 遥感反演

海水 $pCO_2$ 是指气液平衡状态下 $CO_2$ 气体的分压, 表征海水碳酸盐系统中碳的一种形态, 受控于水体碳酸根 ($CO_3^{2-}$)、碳酸氢根 ($HCO_3^-$) 及氢离子 ($H^+$) 的化学平衡作用。

由于海水 $pCO_2$ 无法通过遥感辐亮度直接反演, 因此需要使用替代参量进行表征。大多数的海水 $pCO_2$ 遥感反演算法主要基于 $pCO_2$ 和遥感可获取参数之间的线性或者多元回归关系获得。例如, 早期在不同海盆区发现温度与 $pCO_2$ 具有良好的线性关系, 可利用海表温度实现 $pCO_2$ 的计算 (Cosca et al., 2003; Lefevre et al., 2002), 或者在回归拟合中加入表征生物作用的叶绿素浓度 (Ono et al., 2004; Zhu et al., 2009)。为了在复杂的区域获得更好的拟合效果, 一些研究不断尝试增加更多的参数进行回归分析, 如经纬度 (Lueger et al., 2008; Wanninkhof et al., 2007)、盐度 (Sarma et al., 2006)、黄色物质 (Lohrenz and Cai, 2006)、混合层深度 (Lueger et al. 2008) 等; 也有研究人员利用更复杂的数学方法建立 $pCO_2$ 的统计模型, 如主成分分析法 (Lohrenz and Cai, 2006)、神经网络法 (Friedrichs et al. 2009) 等。这些统计类算法在其特定的研究区域均获得了良好的效果, 但依赖于建模样本的季节、区域代表性和样本量, 而且在复杂的边缘海区域很难获得具有显著意义的统计模型。

海水 $pCO_2$ 反演的另一种途径是基于控制机制解析的方法。Hales 等 (2012) 在美国西海岸上升流区建立了一种基于控制机制的 $pCO_2$ 遥感反演算法, 首先对研究海域进行分区, 建立各子区域溶解无机碳和碱度与遥感海表温度、叶绿素浓度之间的经验关系, 进而利用碳酸盐系统计算获得 $pCO_2$。Bai 等 (2015) 提出了基于控制机制分析的海水 $pCO_2$ 半解析遥感模型 ["mechanistic-based semi-analytic-algorithm" ($MeSAA-pCO_2$)]。其思路为: 首先厘清研究海区海水 $pCO_2$ 的主要控制因子, 如热力学作用、不同碳酸盐含量水团的混合作用、生物作用、海—气 $CO_2$ 通量的影响等, 然后将总的 $pCO_2$ 变化分解为各主控因子引起变化量的叠加, 其中利用遥感数据建立各控制因子 (机制) 的解析或者半解析遥感量化模型是该算法的关键。$MeSAA-pCO_2$ 模型目前已成功实现了长江冲淡水影响的东海海区 (Bai et al., 2015) 和海盆过程主导的白令海海区 $pCO_2$ 的遥感反演 (Song et al., 2016)。$MeSAA-pCO_2$ 模型不仅考虑了陆源的贡献, 且通过主控因子的累加实现同一种模型在全海域的应用, 克服了斑块问题, 可在不同边缘海系统拓展, 具有较好的应用前景。

## 9.3　上层海洋有机碳储量遥感

海洋有机碳可分为溶解有机碳 (DOC) 与颗粒有机碳 (POC)。鉴于 0.5~1.0 μm 粒径的颗粒处于能发生沉积而不显示任何明显布朗运动的颗粒范围下端，在全球海洋通量联合研究（JGOFS）技术规范中，DOC 与 POC 以能否通过 0.45 μm 孔径的滤膜来区分。

DOC 与 POC 储量的变化与陆源输入、海洋生物活动以及 POC 沉降、DOC 深海输运等海洋碳循环过程息息相关。此外，碳储量的变化也会引起碳通量的改变，在许多海域，一定深度的 POC 通量与上层 POC 储量或初级生产力之间有密切联系（Cai et al., 2015；Reigstad et al., 2008）。因此，研究有机碳在海洋中的储量分布具有十分重要的意义。

有机碳储量遥感估算可通过表层有机碳浓度与某一深度（一般设置为 100 m 层或真光层等）的水柱有机碳垂直分布积分获得。通常算法思路为（图 9.2）：①利用光谱拟合方法或固有光学量半分析方法获得表层有机碳浓度；②构建研究海区 POC 或 DOC 的垂直剖面模型；③通过遥感表层信息获取水团划分方法，从而判断适用于不同水团或季节的剖面模型；④通过水柱积分计算，实现某一深度的有机碳储量遥感估算（Pan et al., 2014）。

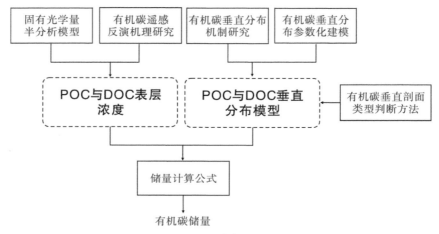

图 9.2　有机碳储量估算示意［参照 Pan et al.（2014）绘制］

### 9.3.1　颗粒有机碳（POC）储量遥感估算

表面 POC 遥感算法主要基于现场实测数据建立的 POC 与水体光谱或者生物—光学参数之间的经验模型。自 Stramski 等（1999）提出可以利用水色遥感反演海水 POC 浓度开始，研究人员已经开发出多种适用于区域和全球的 POC 遥感反演算法。对于大洋清洁水体，POC 主要来源于原生的浮游植物和相关有机碎屑，可以通过类似叶绿素浓度估算的蓝绿波段比值经验算法进行 POC 反演，如 NASA 目前发布的全球大洋 POC 遥感产品算法采用了 443 nm 与 555 nm 波段的遥感反射率比值（Stramski et al., 2008）。与开阔水体不同，边缘海区颗粒物来源相对复杂（陆源和海源等），基于蓝绿波段比值的 POC 经验反演算法并不适用，通常利用水体的固有光学信息，如颗粒物光束衰减系数（$C_p$）和颗粒后向散射系数（$b_{bp}$）等关系构建适用于研究海区的 POC 反演模型（Gardner et al., 2006；Ivona et al., 2012）。

而 POC 垂直剖面模型大致可分为 3 类：①POC 浓度上下均匀分布，在此情况下，POC 储量可由表层 POC 浓度与深度的乘积直接获得，如 Stramska 等（2009）利用此方法估算了全球混合层深度的 POC 储量。②指数衰减型，浮游植物光合作用随着深度衰减，通常出现在层化程度不强的水体中，如 Gardner 等（2006）基于颗粒物光束衰减系数（$C_p$）剖面数据建立了指数衰减型的 POC 剖面模型。③高斯分布型，主要发生在层化程度较强的清洁水体中，浮游植物是 POC 分布的主要控制因素，真光层 POC 垂直分布与叶绿素浓度次表层最大值对应（但不一定完全一致），如 Duforêt-Gaurier 等（2010）考虑了不同水体结构及叶绿素浓度情况下 POC 的垂直分布情况，使用真光层深度（$Z_{eu}$）和混合层深度（$Z_{mld}$）之比（$Z_{eu}/Z_{mld}$）将 POC 垂直剖面分布类型分为混匀分布与高斯分布两种情形，建立了 POC 表层浓度与真光层储量之间的幂函数经验模型。

### 9.3.2　溶解有机碳（DOC）储量遥感估算

海表 DOC 浓度的遥感反演算法大致有两种：一是利用遥感反射率的经验波段组合方法，直接反演 DOC 浓度，这种方式在内陆水体应用较多（陈楚群和施平，2001；张运林等，2005）。二是基于 DOC 与 CDOM 吸收系数或盐度的经验关系进行反演（Liu et al.，2013b；Mannino et al.，2008），这种相关性依赖于 DOC 与 CDOM 在陆源与海源端元混合的保守性。潘德炉等（2012）收集了全球主要大河（流量排名前 25 中的 16 条）及边缘海 DOC 与 CDOM 保守性分布信息（图 9.3），发现大多数河口 CDOM 吸收系数呈现保守性分布。而在光照和营养盐充足的陆架，高生产力的浮游植物会产生原生 DOC 累积，从而导致 DOC 在端元混合的过程中可能不再呈现保守分布。

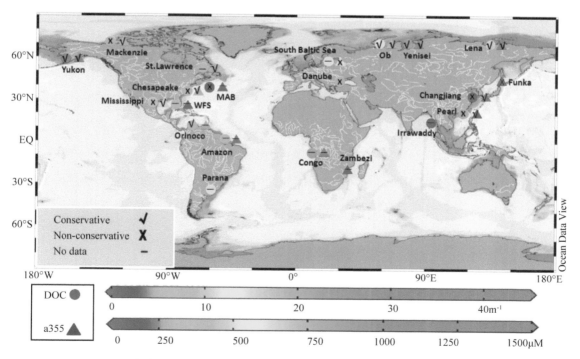

图 9.3　全球主要大河河口及陆架边缘海 DOC 和 CDOM 吸收系数与保守性分布
（引自潘德炉等，2012）

目前 DOC 储量的遥感估算研究不多，但在部分边缘海有一些关于 DOC 垂直分布的讨论。例如，Guo 等（1995）在墨西湾以及中大西洋湾的现场观测数据显示，DOC 与水密度具有非常显著的相关性，并推断水体剖面结构为 DOC 垂直分布的主控因素。Liu 等（2014）基于东海 4 个季节的实测数据提出了垂直混匀分布、高斯分布、指数衰减分布等 5 种不同的 DOC 垂直分布模型，并建立了基于海表温盐数据的水团判断方法，进而确定不同区域的 DOC 垂直分布模型。最终，结合表层 DOC 浓度及垂直剖面模型，首次建立了东海 DOC 储量遥感估算模型。

## 9.4　颗粒有机碳（POC）垂向输出通量遥感

POC 沉降输出是海洋生物泵固碳最重要的方式之一，即真光层浮游植物光合作用将无机碳转化为有机碳，并向下输出 POC 至深海，在较长时间内脱离大气 $CO_2$ 循环的一系列过程。Dunne 等（2005）研究发现 POC 垂向输出通量一方面受控于与浮游植物初级生产相关的 POC 产生过程（59%），另一方面受控于与浮游植物粒径结构和温度相关的上层水体 POC 的向下输送能力（28%）。生物泵固碳的强度和效率在一定程度上反映了海洋对大气 $CO_2$ 浓度的调控能力。因此，量化和理解海洋生物泵强度和效率调控机制对评估全球气候变化影响下海洋的固碳能力十分重要。

### 9.4.1　初级生产与输出效率

通常利用 POC 垂向输出通量与真光层内浮游植物初级生产力（NPP）的比值表征海洋生物泵的固碳效率。由于 POC 的产生和最终向下沉降输出存在时间延迟（聚集物形成、食物网传递等过程），因此传统现场调查很难完整地观测到这一输出过程，而连续观测的遥感方法可以较好地处理这个问题（Henson et al.，2011）。目前已有不少研究在区域或全球尺度建立了遥感参数（NPP、海表叶绿素浓度或 SST）与 POC 输出效率之间的复杂关系（Laws et al.，2011；Li et al.，2018）。

### 9.4.2　POC 输出通量遥感估算

除了上述基于统计的经验模型，Siegel 等（2014）发展了基于食物网模型的 POC 输出通量遥感估算方法。该模型认为真光层 POC 输出通量由两部分组成：大粒径浮游植物及其聚合物的直接下沉输出和浮游动物摄食引起的代谢产物（粪便等）输出。

$$EP = AlgEZ + FecEZ \tag{9-1}$$
$$AlgEZ = f_{Alg} \times NPP_M \tag{9-2}$$
$$FecEZ = (f_{FecM} \times G_M + f_{FecS} \times G_S) \times Z_{eu} \tag{9-3}$$

式中，EP 表示真光层总 POC 输出通量（$mgC \cdot m^{-2} \cdot d^{-1}$）；AlgEZ 和 FecEZ 分别表示大粒径藻类及其聚合物的直接下沉和浮游动物摄食代谢输出（$mgC \cdot m^{-2} \cdot d^{-1}$）；NPPM 表示大粒径藻类（20~50 μm）的初级生产力（$mgC \cdot m^{-2} \cdot d^{-1}$）；$f_{Alg}$ 表示大粒径浮游植物及其聚合物的直接下沉效率，模型中固定为 0.1；$G_M$ 和 $G_S$ 分别表示真光层内平均的大粒径及小粒径藻类的被摄食量（$mgC \cdot m^{-3} \cdot d^{-1}$）；$f_{FecM}$ 和

$f_{FecS}$ 表示大粒径及小粒径藻类被摄食量最终转化为输出 POC 的效率，分别为 0.3 和 0.1。由于小粒径藻类被小型浮游动物摄食后，还可以通过大型浮游动物的摄食转化为 POC 输出，因此小粒径藻类的被摄食生物量转化为 POC 输出的效率较低（0.1）。大粒径藻类浮游植物占比 $F_M$ 可以通过浮游植物粒径反演算法获得（IOCCG，2014），不同粒径藻类被摄食量（$G_M$ 和 $G_S$）可由混合层内碳质量平衡方程估算。由于食物网模型涉及较多的重要输入参数，如初级生产力、浮游植物粒径结构、浮游植物含碳量、食物网物质传递效率参数（大粒径藻类及其聚合物的下沉、浮游动物摄食下沉效率）等，因此基于此的 POC 输出通量遥感还需要进一步完善。但相对于实测方法，遥感估算在提高时空分辨率和减少区域估算不确定性方面具有极大的潜力，如南海北部海区真光层 POC 的输出通量（图 9.4）。

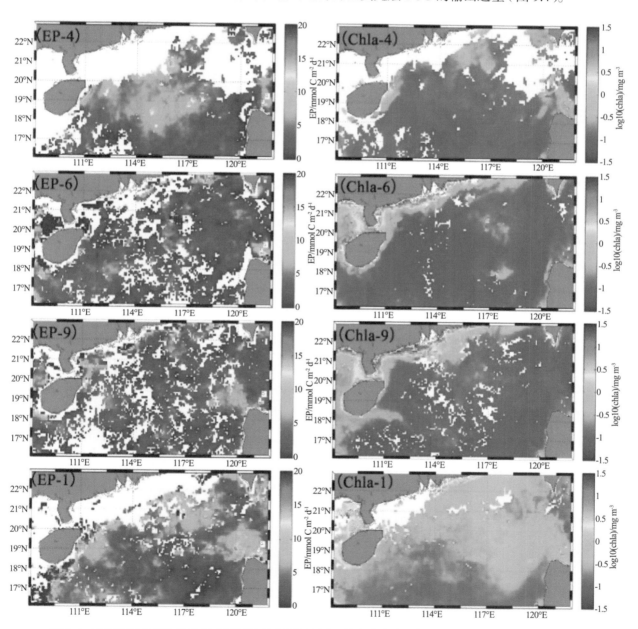

图 9.4　南海北部真光层 POC 输出通量遥感反演结果（左列）和海表叶绿素 a 浓度（右列）的时空分布特征
（4 月、6 月、9 月和 1 月分别代表春、夏、秋和冬季）（引自 Li et al.，2018）

## 9.5  陆源有机碳通量及陆架碳侧向输运遥感

受河流影响的边缘海系统接收了河流输入的大量陆源自养物质（营养盐）和异养物质（有机碳）（Dai et al.，2013），呈现出强烈的碳生物地球化学过程和碳通量/储量变率（Chen and Borges，2009），需要在区域尺度上对陆源入海碳通量进行长期、定量化监测。卫星遥感对于高动态变化的陆源物质入海和扩散监测无疑极为有效。

### 9.5.1  河流入海有机碳通量遥感估算

河流有机碳通量定义为一定时间内水平通过河流某垂直断面的有机碳总量，即某断面有机碳浓度函数与流量函数的乘积相对于时间、深度、宽度的积分。河流有机碳浓度遥感反演机理与海洋有机碳反演相似，但存在一定难度。一方面，常用千米级分辨率的 SeaWiFS、MERIS、MODIS 等传统水色资料很难用于只有几百米至几千米宽度的河流。随着遥感技术的发展，如 2012 年韩国发射的世界上第一颗静止轨道水色传感器（geostationary ocean color imager，GOCI），空间分辨率为 500 m，时间分辨率为 1 h，是河流及高动态变化河口区域有机碳反演的良好数据源。另一方面，TM/Landsat 和 ETM+/Landsat 等陆地传感器，虽然其宽波段及低信噪比设计很难从低水体信号中区分水体成分浓度差异，但其空间分辨率达 30 m，对于河口水域的遥感极具价值。例如，Herrault 等（2016）通过利用 OLI/Landsat 以及水色卫星数据对河口 CDOM 和 POC 的反演进行了有效的尝试。

值得注意的是，河流入河口有机碳通量并不等同河流输运有机碳的有效入海通量。河流输运的有机碳会在河口冲淡水区发生转化、分解、沉降等，从而使最终能真正进入海洋的河流有机碳显著减少。这涉及复杂的河口过程以及陆架有机碳的侧向输运。

### 9.5.2  陆架碳侧向输运遥感

研究表明，边缘海 50% 的碳通过陆架泵输送到深海（Yool and Fasham，2001），准确估算边缘海向大洋的侧向碳输运通量及变率对于边缘海固碳能力及生态环境变化研究有重要意义。当前估算边缘海物质水平输运通量主要有两种方法：最常用的是箱式模型，即把研究海域当作一个黑箱子，利用盐分平衡等条件估算出进出水团的水量比例，再根据每个水团的物质浓度来推算物质在各界面的交换通量（Chen and Wang，1999；Hung et al.，2003）。该方法通常给定一段时间内（通常是年尺度）每个水团的平均物质浓度，然后乘以对应的水通量估算物质交换通量，但物质浓度和水通量在界面上都存在显著的时空差异，导致估算结果的不确定性较大。第二种方法是利用数值模式模拟（Druon et al.，2010）。由于海洋生态模型较为复杂，生物过程的量化十分困难，因此较难准确模拟复杂边缘海的 DOC 浓度及通量。

基于卫星遥感数据可以估算上层海洋有机碳储量（见 9.3 节），也就是获取 POC 和 DOC 浓度的三维分布信息（Liu et al.，2014），结合水动力数值模拟提供三维流场数据，从而实现边缘海任何界面的有机碳侧向输运通量估算。Cui 等（2018）提出了一种将卫星遥感和数值模拟结合的边缘海 DOC 水平输运通量估算新模型，利用 Liu 等（2014）获取的东海 DOC 三维遥感信息及 ROMS 数值模拟的三维流场信息，首次估算了东海 DOC 水平输运通量及其时空变化（图 9.5）。

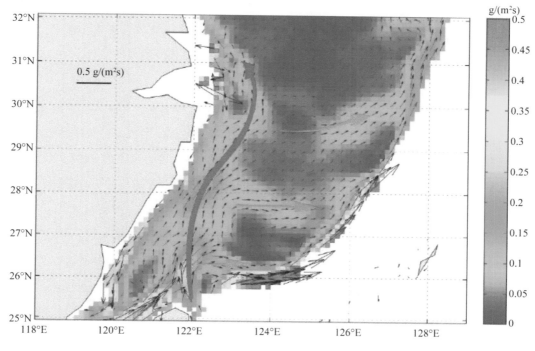

图 9.5 东海陆架 DOC 年平均侧向输运通量（引自 Cui et al., 2018）

## 9.6 小 结

经过 30 多年的发展，水色遥感数据已经在海洋碳循环研究中发挥了重要作用，并逐渐形成体系。利用卫星遥感的观测优势，可以将微观的化学和生物过程与遥感大尺度的宏观观测相结合，从长时间序列变化、大范围系统间异同性比较分析切入，厘清不同控制因子变率的差异，并以此作为传统海洋碳循环研究的一个突破口或新视角，进一步扩展我们对碳循环研究的认识。在国际碳交易体系中，碳源汇数据清单必须符合联合国气候变化框架公约（UNFCCC）提出的 MRV 三可原则 [可测量（measurable）、可报告（reportable）、可核查（verifiable）]。因此，定量化和高精度是海洋碳循环研究的核心问题，而遥感数据更容易满足 MRV 三可原则。目前，实现高精度的海洋碳参数遥感依然是卫星遥感的一项重大挑战。

# 第10章 水色学与物理—生物过程的耦合

修 鹏

中国科学院南海海洋研究所热带海洋环境国家重点实验室

　　海洋中的物理过程在很大程度上控制着浮游植物置身的化学与光环境。海洋中浮游植物的生长需要光与营养盐,海洋混合层中浮游植物所接收的光依赖于到达海面的光辐射、光在水柱中的衰减以及混合层本身的深度。对于全球海洋的大部分区域而言,混合层中营养盐的供应取决于各种物理过程(平流、扩散与混合),因此浮游植物在混合层中的分布和生长与物理过程紧密相关。另外,海洋中浮游植物的生长又能调节水下光场,而光能对水体的加热作用反过来影响海洋不同深度的太阳加热速率(图 10.1)、水柱稳定度,从而影响到混合层动力学。对这个物理海洋与生态系统耦合机制的认知与掌握是我们预测气候变化及人类活动影响下生态环境如何响应的前提,而数值模式模拟是认识该耦合机制的极其重要的工具。鉴于水色遥感能够为模式提供初始场、验证和优化数据,水色遥感与数值模式两者在海洋学研究中的结合越来越密切。本章介绍水色卫星数据在物理—生物耦合研究中的应用,包括物理过程对海洋浮游植物动力学的影响、生物对物理过程的反馈机制以及数值模拟预测。

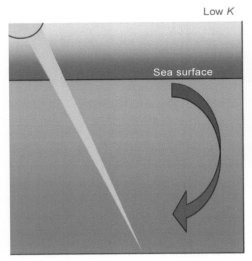
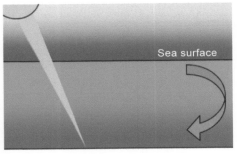

图 10.1　漫衰减系数( K )与混合层深度关系示意
（ 引自 IOCCG Report #7 ）

部分内容源自 IOCCG Report #7 第 3、4 章。

## 10.1　水色遥感对海洋动力过程的刻画

现在全球尺度的水色遥感产品已经具有了较高的时间（天）和空间（< 10 km）分辨率，使得水色遥感产品可以较为精细地刻画海洋中的小尺度动力过程。目前卫星高度计产品的空间分辨率约为 25 km，其表征的海洋中尺度涡旋多数在涡旋内部呈现一致的涡度分布，属于典型中尺度动力范畴；而水色遥感则经常观测到涡旋内部的叶绿素分布呈现螺旋状的锋面结构（Calil and Richards，2010），表明涡旋具有中尺度特性的同时，也会受到次中尺度动力过程的影响（Mahadevan，2016）。

静止卫星，如 GOCI，具有更高的时间分辨率，它们对固定海区的连续观测使得水色遥感在海洋动力过程研究中能够发挥重要作用。Hu 等（2016b）利用 GOCI 数据反演了长江口外的悬浮物浓度，并利用悬浮物浓度的高频时空变化进一步估算了该海区的锋面变化和潮汐流场，为海洋动力过程的研究提供了更多的数据支持。

除此之外，水色遥感还被应用在河流羽状流反演、海洋垃圾输运等方面（Molleri et al.，2010）。这些由水色遥感提供的多方面参数与常规物理参数一起，更好地刻画了海洋动力过程，从而能够较全面地了解海洋关键动力过程的变化规律。

## 10.2　物理过程对浮游植物与初级生产的影响

在光照充分的上层海洋，浮游植物能够迅速摄取营养盐，转化成有机物质。当颗粒有机物质沉降进入深层水，上层营养盐因而流失。上层海洋生产力的维持必须依赖营养盐的持续补充，而这些营养盐既可来自大气输入，也可来自下层营养盐丰富水体的注入。因此，大部分观测到的浮游植物生物量与初级生产力的变化都是一些特定物理过程的结果，如风致混合（wind-induced mixing）、冬季混合、沿岸或赤道上升流、斜压扰动等，这些过程将营养盐由深层带至上层，从而支撑初级生产。

### 10.2.1　藻华动力学

浮游植物藻华是一个早已为人熟知的现象，对于大洋而言，它是非常重要的生态过程，其中北大西洋的春季藻华是所有开阔大洋中最显著的。尽管人们已经研究北大西洋藻华多年，但如果没有卫星水色数据的帮助，根本不可能全面掌握该区域季节性藻华的时空演变过程。

藻华动力学包含营养盐供应与光限制之间的平衡，后者受制于太阳的季节演替与混合层深度。一般认为，如果混合层太深，浮游植物平均接收到的光太少，生长就受到限制，因此浮游植物藻华多发生于混合层变浅时的春季（Sverdrup，1953）。另有学者则认为浮游植物藻华始于混合层最深时的冬季，此时深的混合层能够降低浮游植物被浮游动物捕食的概率，浮游植物生物量因而开始累积（Behrenfeld，2010）。Dutkiewicz 等（2001）采用数值模拟手段加以研究，指出垂直混合可以通过从下层带来营养盐而增强初级生产，但也将导致浮游植物被混合带到临界深度以下从而使得初级生产下降（此处临界深度定义为：在这个深度以上存在浮游植物的净生产）。因此，藻华动力学可能呈现多种形态。

这些形态通过卫星水色数据得以清晰、广泛地揭示，如藻华变动与垂向混合的关系在北大西洋亚热带与亚极地海域存在差异（Follows and Dutkiewicz，2002）：在亚热带，加强的混合导致叶绿素浓度的增加；而在亚极地，却相反。Ueyama 和 Monger（2005）应用 SeaWiFS 水色数据与 SSM/I 风场数据，通过提取经验正交函数（EOF）第一模态，研究了北大西洋 1998—2004 年之间的年际变动，发现这些模态表现出高度的空间一致性，并且揭示了藻华出现的时机和强度与风致混合的位相一致或者错位的区域。南半球亚热带区藻华强度与风致混合呈现高度正相关，而在亚极地区域（Dutkiewicz et al.，2001）及大西洋的东北部的两个不同区域（Levy et al.，2005），两者却是错位的，支持了区域风致混合也对藻华起负作用的观点。

水色卫星数据的应用还揭示了藻华动力学与气候变动之间的关联。关于藻华年际变动与气候事件之间的强烈联系已有很多报道，如 Uemaya 和 Monger（2005）指出，藻华出现时间的主要模态与北大西洋涛动（NAO）可能是关联的。不仅大洋如此，即使在近岸海区，也能看到类似的关联，如台湾海峡南部夏季沿岸上升流引起的藻华的强度与厄尔尼诺—南方涛动（EI Niño-southern oscillation，ENSO）指数高度相关（Shang et al.，2011）。更多的水色遥感应用研究将有助于进一步厘清海洋生态系统如何响应气候变动的机制。

### 10.2.2 中尺度涡旋引起的生物响应

斜压扰动是普遍存在的等密线深度与斜率的变形，往往由在一定时空尺度上的不稳定与风应力变动导致。它们通常以涡旋或行星波的形式向西传播，可以在几百米的量级上调制等密线的深度，在几十厘米的量级上调制海面高度。

尽管海面高度异常比等密线变化通常小几个数量级，但它们可以被卫星高度计探测到，依然构成了我们对斜压特征的观测基础，并使得全球海洋行星波与涡旋特征的刻画得以实现（Chelton et al.，2011）。SeaWiFS 的发射开始了海洋反射光谱数据的连续积累，从而捕捉到以典型的行星波速率向西传播的水色异常特征，并发现其与海面高度异常的传播特征在位相上一致。当然，这依然是争议和研究的热点，人们并不能确定行星波在反射光谱特征上体现的原因，究竟是由于营养盐从下层向上输送带来的新生产，还是原本存在的生物物质的被动传输。对于在涡旋中常被观测到的叶绿素浓度增加的机制（McGillicuddy et al.，1998；Xiu and Chai，2011），比之行星波，就更加复杂，因为非线性涡旋与行星波不同，它们可以跨越相当长的时间和距离输送水体。

目前的太阳同步卫星能够充分地分辨行星波和中尺度涡旋，静止卫星能将云覆盖的影响降到最低，从而对中尺度过程的研究有很大帮助。而次中尺度过程具有比中尺度过程更强的时空变化和强度，其诱导的垂向速率比中尺度上升/下降流高 1~2 个量级，所带来的生态影响尤其重要（Taylor and Ferrari，2011；Zhou et al.，2013）。未来更高空间和时间分辨率的卫星数据将有利于进一步探讨次中尺度过程和动力机制。

### 10.2.3　风暴的影响

相对而言，应用现场观测来研究营养盐如何通过冬季混合向表层输送是直接的手段。由于不可预测性，依靠实地观测来跟踪一个短时间的事件，如风暴引起的物理与生物的响应就要困难得多。遥感数据提供了前所未有的观察这种短暂现象的生物效应的视角。目前已经有大量的研究报道，应用系列卫星遥感水色图像来揭示风暴过后表层叶绿素浓度的变化（Babin et al., 2004; Lin et al. 2003; Zhao et al., 2009）。例如，水色卫星数据揭示了中国南海 2001 年台风"玲玲"引起的两个阶段的响应（图 10.2），第一阶段以溶解有机物质以及颗粒碎屑的垂向再分布为主，第二阶段以叶绿素浓度的大幅上升为特征。风暴引起的风驱混合卷挟与 Ekman 上升流引起的营养盐垂向输送是重要的驱动机制（Shang et al., 2008）。

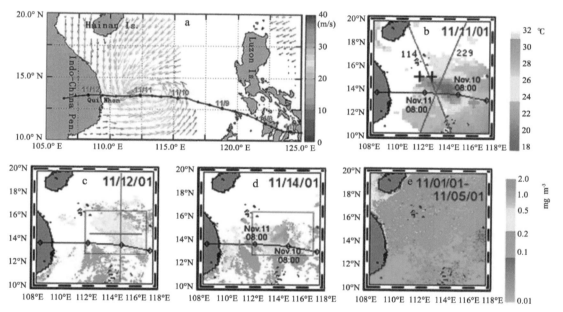

图 10.2　（a）中国南海 2001 年 11 月"玲玲"台风轨迹与 QuikSCAT 风场图像；（b）台风过境之后，2001 年 11 月 11 日的 TMI 海表温度图像；（c）2001 年 11 月 12 日 SeaWiFS 叶绿素浓度图像；（d）2001 年 11 月 14 日 SeaWiFS 叶绿素浓度图像；（e）台风过境前，2001 年 11 月 1 日—11 月 5 日 SeaWiFS 平均叶绿素浓度图像（引自 Shang et al., 2008）

## 10.3　生物对物理过程的反馈

### 10.3.1　太阳辐射的衰减与混合层动力学

水的折射率比较高，到达海面的太阳辐射有一部分会被反射，但大部分（＞95%）都进入水体并被吸收。进入水体的辐射中，只有约 2% 经由后向散射返回大气。与在表层直接发生作用的海气热交换通量不同，太阳辐射及其带来的热通量可以到达混合层以下。海水中物质的组成会影响太阳辐射对水体的垂向加热，影响水体上层结构和混合，进而影响海气界面热交换以及海洋环流。关于海水清澈度在决定海洋的热力结构与混合层动力学中的重要性最早由 Denman（1973）提出。之后

Charlock（1982）利用一个考虑了能量平衡的一维气候模型加以研究，指出浑浊度增加可能使得 SST 升高 1~2℃。Woods 等（1984）进一步强调，要达到预测气候的目的，需要更准确地计算太阳辐射加热的垂直结构，并指出混合层下的阳光加热速率更多地受制于海水的浑浊度而不是云覆盖。由于浮游植物对光的吸收作用，其存在与否可以带来 SST 几个摄氏度的变化。当叶绿素浓度较高时，更多的辐射在混合层内被吸收，导致较少的辐射进入混合层以下的水体。Sathyendranath 等（1991）利用 Kraus-Turner 混合层模型计算了阿拉伯海的浮游植物加热效应，结果可以达到每月 4℃。

近年来，受益于水色卫星遥感数据，浮游植物对太阳辐射的吸收已经可以被引入全球海洋环流模型（ocean general circulation models，OGCMs）中。在没有可用的全球光衰减产品之前，这是一个恰当的处理，因为在 98% 的海洋中浮游植物生物量的变化基本决定了太阳辐射垂向衰减的变化。Nakamoto 等（2000）以及 Ueyoshi 等（2005）发现浮游植物对 SST 季节变化的强化可以达到 20% 的幅度，在一些混合层较浅的区域，这种强化可以达到 1.5℃。

图 10.3 展示了赤道太平洋的热结构对浮游植物—辐射驱动的响应。Murtugudde 等（2002）提出，

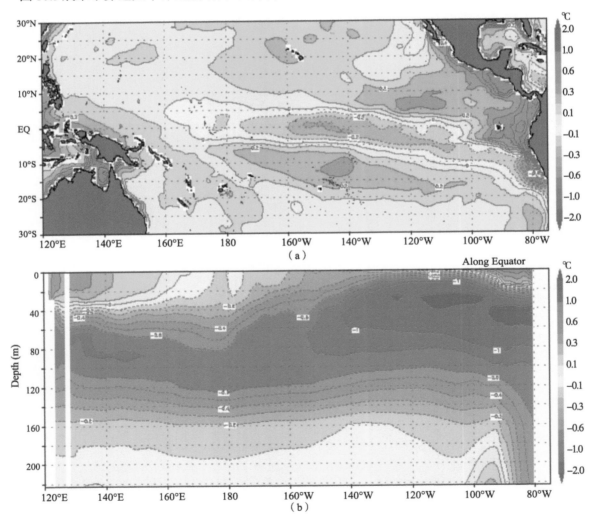

图 10.3　（a）包含与不包含浮游植物 – 辐射驱动的海洋模式运算结果在太平洋（30°S 至 30°N）海表温度上的差异；（b）赤道海区海表 –220 m 深度的温度剖面（引自 Ueyoshi et al., 2005）

气候模型结果中的东赤道太平洋冷水舌模拟结果偏低的问题可以通过采用卫星水色数据更准确地参数化阳光加热的过程而加以缓解。另外，Subrahmanyam 等（2008）指出了经向翻转流与印度洋热传输季节变化的关系。这些研究都考虑了浮游植物加热的变化导致的动力过程变化，如异常的环流与上升流。

浮游植物对太阳辐射的吸收导致的热量变化相应地导致 SST 的改变，还会影响大气。Shell 等（2001；2003）利用 NCAR 气候模型（版本 3），并且应用了 Nakamoto 等（2001；2000）提供的 SST 异常数据，发现如果考虑浮游植物产生的 SST 扰动，最底层大气的温度季节变化将扩大 0.3℃，类似于在 SST 中发现的扩大效应。同时，夏天的增暖程度比冬季的冷却程度更大。考虑浮游植物—辐射的模拟计算的气温与模型控制组（不含浮游植物—辐射驱动）的结果相比，年平均增温约 0.05℃。

浮游植物—辐射驱动的影响还可能贯穿整个大气平流层（图 10.4），这种影响可以导致夏半球副热带辐聚带降雨的增强。Timmermann 和 Jin（2002）以及 Marzeion 等（2005）利用海洋—大气耦合模型发现赤道太平洋的浮游植物—辐射驱动效应可能通过与大气的相互作用而得到强化。Miller 等（2003）讨论了由于海洋生态系统的改变可能产生的年代际气候变动的反馈。当然，要想真正理解相关作用机制、定量这种效应，且与实际观测可比，还需要更深入的耦合研究。

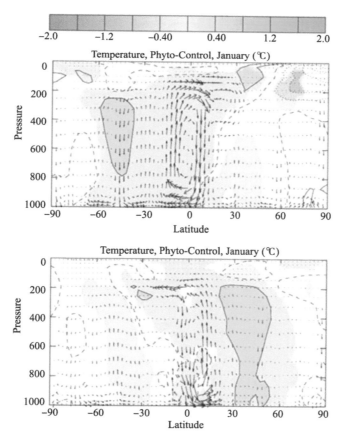

图 10.4　浮游植物－辐射驱动模拟与控制模拟 1 月（上图）及 7 月（下图）经向平均的温度（等值线）与平流（箭头）的差异
（引自 Shell et al., 2003）

### 10.3.2　浮游植物—辐射驱动与碳汇工程

在全球变暖的背景下，一些碳汇工程期望通过刺激浮游植物生长的方式降低大气二氧化碳浓度，从而达到减缓变暖的目的，如通过铁或氮的"施肥"试验或是用一根顶端开口的长管强化混合的试验。然而，以上讨论的一些浮游植物—辐射驱动的数值试验指向了并不在人们期望内的负反馈：浮游植物的生长会把更多的光留在上层，导致混合层变暖，强化分层。如此，更多的热量会向大气传递，导致大气升温，这就会使得浮游植物吸收（去除）二氧化碳带来的降温作用被抵消。进一步地，海水二氧化碳分压会增加，且溶解度下降，强化的分层继而使得营养盐开始受到限制，导致浮游植物生长受限，生物量下降。

这些负效应以及生态后果的不确定性，令人们对这种碳汇工程策略心存疑虑。为了减轻升高的二氧化碳浓度对气候的影响，或许应该考虑如何使得透射的光更多保持在混合层以下的海水中。

## 10.4　水色数据与数值模式的结合

在大多数海洋水色应用中，卫星资料提供了研究某海洋现象或过程的主要信息，其本身或加上其他相关海洋观测，就足以描述一个清晰的海洋过程。但在有些情况下，水色数据需要与数值模型相结合，用以提高对过程内在机制的科学认知以及支持业务化监控。一个典型的例子就是浮游植物藻华现象的发展和衰亡。虽然从水色数据中可以获知藻华何时何地暴发，但我们并不了解其内在机制。因此，需要一个生物动力模型，将营养供应、初级生产、浮游动物捕食等生物化学过程耦合在一个海水流动、混合、上升下降等过程的物理模型中，这样才能阐述其中复杂的相互作用机制和藻华的过程。但数值模型应包括众多生物地球化学参数以及相互间的复杂作用，这里一个关键的挑战是如何决定模式中合适的参数和数值来表达相关生物或化学过程。水色卫星数据可以实现全球覆盖，它的空间性和多年连续时间序列资料能够用于检验模式在不同尺度上的有效适用性，并由此调整、优化模式参数。

另一种方式是将水色数据同化到模式的模拟结果中，得到一个同时包含观测和模拟信息的分析场，模式再以此分析场作为初始条件，进行下一个时段的模拟预报，以提高预报精度。以最优插值方法为例：

$$x_a = x_b + W(y - Zx_b) \tag{10-1}$$

$$W = BZ^T(ZBZ^T + R)^{-1} \tag{10-2}$$

式中，$x_a$ 和 $x_b$ 分别为模式的分析值和背景值（如模拟的叶绿素浓度）；$y$ 为观测值（如遥感叶绿素浓度）；线性算子 $Z$ 将模式状态向量映射到观测点上；$W$ 为权重矩阵；$R$ 和 $B$ 分别为观测误差协方差矩阵和背景误差协方差矩阵。通过该方法计算，可以将模式模拟的背景场和观测数据有效组合，形成一个新的模式分析场。当使用水色遥感叶绿素数据来优化和同化模式时，需要注意几个重要因素：一些生态模型不使用叶绿素浓度作为明确的模型变量，此时需首先确定叶绿素浓度与模型中浮游植物生物量之间的关系；在开阔大洋，从水色产品导出的叶绿素浓度数据精确度只有 35%，在近岸二类水体中更低，这与用于同化物理场的高精确度遥感海表高度和温度资料相比是不利的。Natvik 和 Evensen（2003）利用集成卡曼滤波法来同化 SeaWiFS 数据，发现遥感数据的使用可以使得模式里所有变量的方差均减小，包括生态系统中没有被直接观测到的那些变量。

　　模型与卫星观测一起使用能够提供一些实时的海洋相关信息，并可发挥两者的互补优势，如预报沿海度假胜地可能发生干扰人类活动的藻华事件等。卫星数据本身可以预报此类事件，但云覆盖会对数据造成影响。由于天气不可控制，因此相关部门不能只依赖于卫星数据。此类情况下，结合卫星观测实时更新的可以预测浮游植物生长变化的生态模型则是一个有效的解决方案（图 10.5）。结合卫星资料和实际观测的模型可以认为是一个"综合观测系统"，它能够提供在给定时间段最佳预报的海洋状态，有效填补所有可用观测资源中时间与空间上的缺失。不仅旅游业需要这种综合观测系统，海洋渔业和负责水体质量的相关企业也需要。随着对海域水质情况的要求越来越高，海洋综合观测系统的重要性日益凸显。

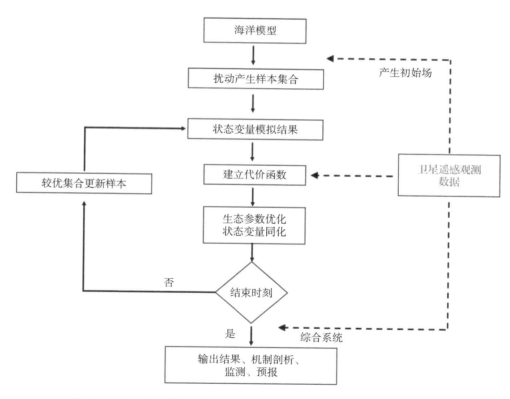

图 10.5　水色遥感数据在海洋模式中的应用（数据同化与参数优化）示意图

## 10.5　小　结

　　水色遥感由于在时空覆盖率和分辨率方面的优势，已经在海洋物理—生物耦合研究和应用中显示出了重要的科学意义。虽然生态模式中水色数据的同化仍然处于早期，但是具有广阔的前景，特别是对于开阔海域。然而，在近岸区域，生态模型的复杂性大大增加了对观测的要求，"二类水体"导出的水色产品本身的不确定性亦有增加。另外，水色遥感数据目前多局限于海表层并且产品相对单一，这对于海洋次表层过程的研究和剖析有大的局限性。未来这些方面的发展需要进一步拓展水色遥感与数值模型之间的结合，提升水色遥感在物理—生物耦合研究中的价值和作用。

# 第 11 章　水色学与气候变化

邢小罡

自然资源部第二海洋研究所卫星海洋环境动力学国家重点实验室

气候变化不仅关乎人类的生存环境，对资源与环境的可持续发展具有重要的影响，也可能对国家安全构成威胁，因而成为当今全球环境研究、环境保护与环境外交的热点。然而，目前人们对于气候变化趋势的认识尚无法做出准确、严密、可靠的科学判断，而观测数据的缺乏与气候模型的不足是目前制约全球气候变化研究的关键难点之一。由于气候模型的完善在很大程度上依赖于大时空尺度的观测数据集，因此具有时空一致性和参数协调性的高精度、长时间序列气候数据集，对于全球气候变化的分析、全球及区域气候系统模式的驱动都具有至关重要的意义。

卫星遥感能够提供全球范围内真正协调一致的数据集，尽管这些数据尚不能跨越数百年或上千年，但已有的卫星观测能够构成跨越数十年的融合数据集，从而为研究气候变化提供重要的数据。卫星是从一个统一的角度提供我们星球现状概要的最佳方式。没有一种单一的传感器可提供完整的图片，但当前同步运作并共享数据的卫星群则可以为我们提供可知的、最佳的全球状况评估。它们有两方面的作用：①提供观测并量化气候变化及其对地球系统的影响；②为气候模型提供合乎科学且可靠的输入和验证数据。本章简要介绍水色卫星遥感数据在气候变化研究中的作用。

## 11.1　卫星遥感对气候变化研究的重要性

自 20 世纪 70 年代，卫星遥感技术开始在气候变率和气候变化研究中发挥着越来越重要的作用。早期的卫星资料主要用于定性分析，定量精度不高，难以满足气候系统科学与应用研究的需要。自 20 世纪末，随着卫星资料时间序列的延长和定量精度的提高，卫星数据的建设和应用受到越来越广泛的重视，其在全球和区域性气候的监测、诊断和气候变化分析中取得了很好的效果（Chen et al.，2007a；Knapp et al.，2011）。卫星数据以其大空间尺度的覆盖率、长时间尺度的观测能力，迅速成为气候研究中应用最广泛的数据来源。

同时，得益于卫星观测数据，气候学研究也取得了巨大的进展。1959—1961 年期间在 Explorer 7 卫星上搭载的辐射计使得直接测量进入和离开地球的能量成为可能。与以往的间接测量相比，此次飞行及后续的飞行使得科学家可以更有信心地测量地球的能量平衡。随着辐射计的改进，它们能直接测量地球系统的热量传输、大气微量气体的温室效应以及云对地球能量收支的影响。测量值不但能够满足精确度、空间分辨率的要求，还获得了全球覆盖的与火山爆发或 ENSO 等重大短期事件相

---

部分内容源自 IOCCG Report #7 第 10 章。

关的全球能量收支摄动。这些观测加深了人们对气候系统的理解并改进了气候模型。从事大气研究的卫星（如 AURA）和支持气象业务的卫星（如欧洲的 MetOp 系列和 NOAA 的极轨卫星）每天都在提供全球大气温度、湿度的三维剖面图以及臭氧等少量大气成分的数据。这些数据不仅被输入天气预报模型中，而且还用来定义大气的现状并提供气候模型的短期测试。

## 11.2　水色数据在气候研究中的重要贡献

水色遥感是目前唯一可以提供全球覆盖的观测海洋生态系统的遥感方式。水色遥感提供了上层海洋生态系统的一系列关键参数，包括浮游植物色素、生物量、颗粒有机碳、有色有机物、浮游植物粒径与群落构成等。海洋初级生产力水平约为 50 Gt 碳/年（Antoine et al.，1996；Longhurst et al.，1995），与陆地上的初级生产力水平相当（Field et al.，1998），浮游植物因而在全球碳循环系统中占据非常重要的作用。作为海洋的初级生产者，浮游植物不仅调控着海洋生态系统的结构与功能，对于海洋热收支也具有重要的贡献（Sathyendranath et al.，1991），从而对海洋的动力过程以及海气耦合过程产生影响。海洋生态系统对于气候变化的响应主要通过海洋与大气的物理过程在不同时空尺度的变化表征（Di Lorenzo and Ohman，2013），与之有关的响应主要体现在叶绿素 a 浓度（Martinez et al.，2009）、海洋初级生产力（Racault et al.，2017a）、生物气候学（phenology）（Platt et al.，2003；Racault et al.，2017b）、生态区（ecological provinces）的面积与边界（Devred et al.，2009）以及浮游植物种群结构（Brewin et al.，2012；Uitz et al.，2010）。上述这些变量在时空尺度上的观测数据都依赖于水色卫星遥感技术，水色遥感因此在全球气候研究，特别是气候变化下的海洋生态系统响应研究中扮演着不可或缺的角色。

气候变量是气候模型和气候变化研究的基础。从满足联合国气候变化框架公约（United Nations Framework Convention on Climate Change，UNFCCC）和政府间气候变化专门委员会（Intergovernmental Panel on Climate Change，IPCC）需求的重要程度、全球系统观测的可行性等角度出发，全球气候观测系统（global climate observing system，GCOS）在大气、陆地、海洋 3 个领域分别选定了一些重要气候变量，共同构成一套基本气候变量（essential climate variable，ECV）（GCOS）。ECV 能够提供刻画全球气候系统状态的信息，并提供可用于长期气候监测、与气候变化及其对全球影响有关的地球物理变量。这些基本气候变量的连续观测和数据共享对于气候系统监测、模拟与研究具有重要意义。作为海洋生态系统研究和气候模型的必要参量，水色是 ECV 的重要组成部分，也是气候模型的必要参数；气候模型的优化与验证也离不开长期水色遥感数据的支持（Jin et al.，2009；Yoder et al.，2010）。

## 11.3　气候变化背景下的浮游植物长期变化趋势

从气候学研究的角度，海洋浮游植物长期变化趋势的评估应该至少在 30 年的年代际尺度上进行。但在水色卫星遥感技术出现之前，海洋浮游植物的现场观测能力非常有限，难以积累长时间连续的、覆盖海盆尺度或全球尺度的数据集，因而人们无法进行全球海洋浮游植物生物量长期变化趋势的评估。虽然目前水色卫星遥感数据仅始于 1979 年，且存在一个 10 多年的观测空缺以及不同卫星传感器间数据融合的挑战，但其独一无二的全球覆盖能力仍然为人们提供了海盆尺度与全球尺度浮游植物长期变化趋势的重要信息。

　　Gregg 和 Conkright（2002）对 7 年（1979—1986 年）的 CZCS 观测数据以及 3 年（1997—2000 年）的 SeaWiFS 数据比对发现，两个时间段全球数据的总体季节变化过程是一致的，但叶绿素 a 浓度在北半球高纬度有降低的趋势，而在低纬度海区则有增高的趋势；Antoine 等（2005）同样比较了 CZCS（1979—1986 年）与 SeaWiFS（1997—2002 年）两台水色卫星传感器观测数据的差异，认为全球叶绿素 a 浓度在后一个时间段比前一个时间段增长了约 22%；Gregg 等（2005）对连续 6 年（1997—2003 年）的 SeaWiFS 数据分析则发现，在这 6 年内全球叶绿素 a 浓度的增长率仅为 4.1%，但这一总体的增加主要是由近岸水体的富营养化造成的（近岸水体的叶绿素 a 浓度在 6 年内增长了 10.4%），而对于占全球海洋约 40% 的副热带环流区则显示出降低的趋势，且与海表温度（SST）的增加存在相关性（图 11.1）。可见，海洋生态系统的长期变化存在区域特性，且与全球变暖过程密切相关。

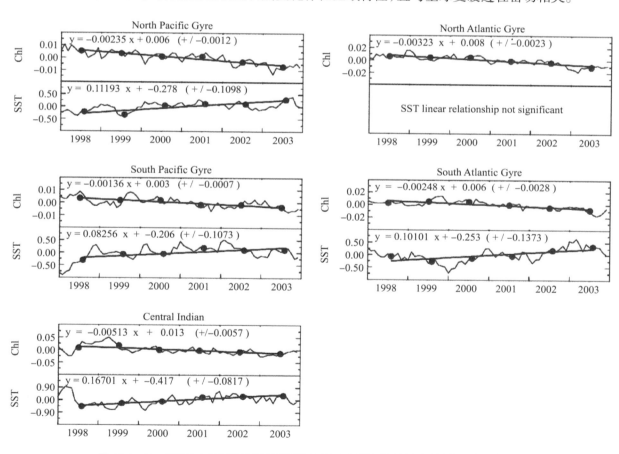

图 11.1　SeaWiFS 水色卫星传感器观测的全球 5 个副热带环流区叶绿素 a 浓度（Chl）与海表温度（SST）在 1997—2003 年的变化趋势（引自 Gregg et al., 2005）

　　McClain 等（2004）、Polovina 等（2008）以及 Signorini 和 McClain（2012）通过分析不断增加的全

球水色数据的时间序列,发现副热带环流区的叶绿素 a 浓度不仅存在长期的降低趋势(13 年降低了约 10%),且贫营养区的面积在不断增加。该变化与 SST 的持续增高密切相关,显示了气候变化过程对于海洋生态系统的时间变化与空间分布的共同影响。Signorini 等(2015)融合了 16 年的 SeaWiFS 与 MODIS 数据,并使用最新的 OCI 算法(Hu et al., 2012)重新处理叶绿素 a 浓度产品,增加卫星高度计数据以及再分析数据,再次验证并总结了气候变化对副热带环流区海洋生态系统的影响:SST 的增加导致海洋层化的加强,减少了深层营养盐向上的补充,继而降低表层叶绿素 a 浓度以及初级生产力,并进一步减弱海洋对大气二氧化碳的吸收能力,影响全球碳循环过程与气候变化过程。

## 11.4  短期气候振荡的生态响应

Behrenfeld 等(2001)以及 Wilson 和 Adamec(2001)通过分析 SeaWiFS 卫星数据发现 1997—1998 年的厄尔尼诺事件导致了赤道太平洋叶绿素浓度的增高,解释其原因主要是温跃层的变浅为表层带来更多的营养盐补充。Behrenfeld 等(2006)则发现全球海洋总初级生产力与多变量 ENSO 指数(multivariate ENSO index,MEI)之间也存在很高的相关性($R^2 = 0.77$),与海水层化指数也具有明显的关联,表明 ENSO 事件可以带来全球性的生态学响应(图 11.2)。Racault 等(2017a)进一步详细总结了两种类型厄尔尼诺事件导致的海洋生态系统响应的物理机制,特别说明在不同海区的生态学响应并不一致。

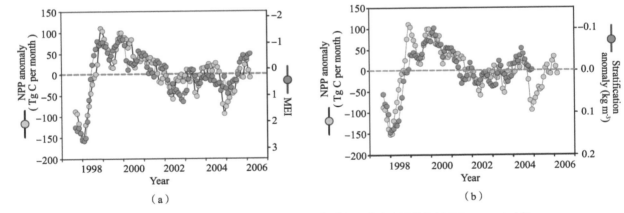

图 11.2　SeaWiFS 水色卫星传感器观测的全球初级生产力异常值(NPP anomaly)与 MEI(a)以及层化指数(b)在 1997—2006 年的变化趋势(引自 Behrenfeld et al., 2006)

Brewin 等(2012)基于水色遥感数据反演的浮游植物群落结构,发现其在印度洋年际尺度上与 SST、SSH 以及层化指数具有显著的相关性,揭示了印度洋偶极子(indian ocean dipole,IOD)的年际变化调控了局部海域浮游植物的群落结构;低 SST、低 SSH 与弱层化过程导致更多的大型藻类(硅藻)出现,进而影响碳沉降(通量)与碳循环过程。

Follows 和 Dutkiewicz(2002)的研究则发现,北大西洋浮游植物生物量与初级生产力的年际变化与北大西洋涛动(North Atlantic oscillation,NAO)有显著的相关性,负 NAO 对应的副热带水体冬季混合的增强促进了表层营养盐的补充,从而带来更强的春季藻华过程。Ueyama 和 Monger(2005)

提出藻华发生的时间可能与 NAO 有关。在年际尺度上,风场变化的主要模态是与 NAO 联系在一起的,因此 NAO 可能会对副热带地区的藻华有促进作用。

　　在南印度洋的副热带环流区,1998—2010 年间贫营养区的面积以每年 4.5% 的速率不断扩大,叶绿素 a 浓度则以每年 1.4% 的速率降低,并通过比较叶绿素 a 浓度的年际变化与多个气候指数之间的相关性,发现其与南极涛动( antarctic oscillation,AAO )指数的相关性最高( Jena et al.,2013 )。

　　除年际响应外,太平洋年代际振荡( Pacific decadal oscillation,PDO )与大西洋年代际振荡( Atlantic multidecadal oscillation,AMO )对于太平洋、印度洋与大西洋的 SST 与叶绿素 a 浓度都有不同程度的影响与调控( Martinez et al.,2009 )。

　　此外,季节内振荡的生态学响应同样存在( Gildor et al.,2003 )。Waliser 等( 2005 )和 Resplandy 等( 2009 )基于 SeaWiFS 卫星遥感数据对热带大气季节内振荡( madden-julian oscillation,MJO )对上层浮游植物生物量的调制作用进行了细致而全面的研究。这一过程可以简单地描述为大气的季节内振荡首先影响风致混合过程,进而调控营养盐向表层的补充,并进一步影响浮游植物的初级生产力与生物量。Jin 等( 2012 )通过数值模型实验不仅证实了风致混合的重要作用,而且提出在某些区域,与 MJO 相关的局地埃克曼抽吸( Ekman pumping )作用同样影响着浮游植物的生物量。

## 11.5　气候变化背景下的海洋浮游植物多样性

　　气候变化不仅导致海洋浮游植物生物量的变化,同时影响浮游植物的多样性,包括其物候学( phenology )特征( 如藻华发生时间、持续时长、强度等 )、物种组成、细胞大小等不同维度的变化。

　　受全球变化的影响,藻华的发生时间与规模都开始变化( Thuiller,2007 )。Sommer 和 Lewandowska( 2011 )发现温度升高 1℃,春季藻华持续时间延长 1 天;Edwards 和 Richardson( 2004 )则认为全球变暖导致秋季藻华平均提前了 5 天发生,而对春季藻华的发生时间几乎没有影响;而 Wiltshire 和 Manly( 2004 )在北海的研究表明,受升温的影响,硅藻春季藻华发生时间推迟到了春末。

　　另外,气候变化会导致浮游植物体积变小,而小细胞的碳输出效率较低,进而对气候产生负反馈。种群体积大小的改变又使得各物种之间的相互关系也发生改变,最终导致生态系统结构的变化( Litzow and Ciannelli,2007 )。长期研究表明,北太平洋副热带环流区的浮游植物群落优势种逐渐发生变化,由真核生物逐渐演变为以原绿球藻为主的原核生物( Karl et al.,2001 )。

　　气候变化还会影响海洋垂直混合的强度,而混合强度则控制着光照、海表温度以及营养盐的循环再利用,进而影响到浮游植物的生长。混合层变浅对高纬度地区受光及海水混合层深度限制的浮游植物有利( Boyce et al.,2010 ),暖化及混合层削弱的共同作用使得低纬度海区叶绿素浓度降低。富营养水体垂直混合过程的减弱还会使有浮力的蓝藻与下沉的浮游植物物种之间的优势关系发生改变( Huisman et al.,2004 )。

　　此外,气候变化的海洋生态系统响应还包括:大气 $CO_2$ 浓度升高和海洋酸化都会改变浮游植物细胞的生理过程,进而改变其生长和种群动力学,最终改变浮游植物的生物多样性;地球臭氧层的逐渐破坏，紫外线增加，一些对紫外线（特别是 UVB）敏感的藻种将受到较大的影响；冰川融化会导致更多的太阳光进入极地海区的海洋上层，这些区域营养盐丰富，因此海冰融化会提高极区的初级生产力（Arrigo et al., 2008），进而对增暖效应产生正反馈——把更多的热量留在海洋上层；气候变化还表现在厄尔尼诺及拉尼娜现象频发、降水模式变化等方面受厄尔尼诺暖水的影响，秘鲁寒流产生变化，导致浮游植物生产力降低，进而影响渔业产量（Alheit and Niquen, 2004）。

目前，全球尺度的浮游植物长期监测主要依赖于卫星遥感。常规海洋调查航次（如大西洋经向横断面航次 AMT 等）与长时间序列的观测站（如 BATS、HOT 等）的时空覆盖能力都非常有限，而水色卫星遥感技术则可以提供从天到季节、年际以至年代际的连续时间尺度观测，以及从次中尺度、中尺度到海盆尺度以至全球尺度的连续空间尺度覆盖。气候学研究依赖于大时空尺度的连续观测数据，遥感是支撑这些研究的必要手段。Kostadinov 等（2010）基于后向散射与粒径间的生物—光学关系方法，通过遥感数据分析了全球海洋浮游植物粒级结构的长期变化，发现在厄尔尼诺暖相位时全球浮游植物生物量降低（贫营养化），同时微小级的小粒径浮游植物含量增高（小型化）；Kahru 等（2016）则发现在气候变化的大背景下，夏季北极海冰的面积逐渐缩减，这一过程引发了一系列的生态学响应，包括藻华发生时间提前、结束时间推迟，整个藻华期延长以及初级生产力逐渐升高，藻华期的这些变化还将进一步影响整个北极海区的生态系统变异。

## 11.6　满足气候学研究需要的水色遥感数据集

水色卫星遥感技术对大时空尺度的气候学研究提供了必要的生态学观测数据，但气候数据集的建立仅靠单个卫星难以胜任。水色卫星传感器的设计寿命通常为 5 年（OCTS 仅工作了 8 个月，SeaWiFS 则工作了 13 年），建立长期数据集的基础则是需要保证任何时间都至少有一台水色传感器在轨工作。第一代水色传感器 CZCS（1978—1983 年）与第二代水色传感器 SeaWiFS（1997—2010 年）之间有 14 年的空缺，这一空缺大大增加了气候学研究的困难，同时由于没有重叠数据（CZCS 与 SeaWiFS 同时观测的数据），也增加了数据融合的困难。水色卫星传感器的新老交替、观测时间上的连续以及数据质量之间的一致性，是水色数据集应用于气候学研究的重要基础。

欧洲太空局（ESA）的 Sentinel-3 系列卫星计划通过多颗卫星连续发射（类似于 NOAA 的 AVHRR 系列卫星）以进行长期的水色遥感观测，为下一代水色遥感气候数据集的建立提供重要数据来源。目前，人们能够通过融合多台不同国家发射的水色卫星传感器数据（如 SeaWiFS、MERIS、MODIS、VIIRS、OLCI 等）建立一个融合数据集。这样的融合数据集不仅增加了数据的时间跨度，同时也会提高空间覆盖率。另外，由于水色观测受云以及太阳耀光的影响，任何一台水色传感器的观测数据都存在一定程度上的缺失，因此多台传感器在同一天的不同时刻对同一海区进行的观测数据则有可能进行相互补充，从而增加空间覆盖率。NASA 于 1994 年启动了 SIMBIOS（sensor intercomparison for marine biological and interdisciplinary ocean studies）计划，旨在研究将不同的水色卫星传感器观测数据进行融合以形成一个准确的全球生物光学时间序列产品。现在，这样的数据融合计划包括：

（1）NASA 的 OBPG 数据处理小组，融合 SeaWiFS、MODIS-Aqua、VIIRS 等其他卫星的叶绿素 a 浓度产品以及其他水色产品。

（2）NASA 的 REASoN 计划，融合 SeaWiFS 和 MODIS-Aqua 的叶绿素 a 浓度、有色可溶物（CDM）以及颗粒物后向散射系数产品。

（3）ESA 的 GlobColour 计划，融合 SeaWiFS、MERIS 和 MODIS 的包括叶绿素 a 浓度在内的多个水色遥感产品。

（4）ESA 的 OC-CCI 计划，融合 SeaWiFS、MERIS 和 MODIS 的包括叶绿素 a 浓度在内的多个水色遥感产品。

除了解决数据融合的问题，水色遥感的观测技术与反演算法也在不断改进中，包括一些关键生态环境指标的提取，如藻华开始时间、峰值时间、峰值强度、持续时间，浮游植物功能群、粒级结构以及生物地球化学分区等。这些生态环境指标的量化产品将为气候变化的生态系统响应研究，特别是浮游植物多样性的研究，提供更丰富、更全面的数据集。

## 11.7　小　结

综上所述，卫星遥感技术在全球气候变化的研究与预测中发挥着举足轻重的作用，而水色卫星则是目前唯一可以提供海洋生态系统的遥感方式。因此，要了解海洋生态系统在全球变化的大背景下如何响应，包括浮游植物的长期趋势、短期震荡以及浮游植物多样性变化，则依赖于水色遥感卫星的长期连续观测数据。随着遥感技术的提高、数据融合技术的进步以及水色产品的不断丰富，水色数据未来将在全球气候学研究中发挥越来越重要的作用。

# 第 12 章　趋势与挑战

李忠平[1]　唐军武[2]

1 厦门大学海洋与地球学院,近海海洋环境科学国家重点实验室
2 青岛海洋科学与技术国家实验室

在一个气候变化的大环境里,最重要的是需要对地球系统有更准确的认识和理解,而水色学是达到这一目的的重要手段之一。凭借水色研究群体过去几十年来的努力,我们在海洋光学、水色遥感、卫星产品应用等方面取得了长足进步,但这些成就离我们回答与海洋和地球系统有关的一系列关键问题还有很大的差距。那么,水色学能够回答或者能够帮助回答的重大科学问题都有什么呢?虽然没有能够穷尽,但这些问题应该包括:

(1)海洋浮游植物的多尺度时空分布及其总量估算。

(2)上层海洋生态过程与中尺度 / 亚中尺度过程的相互作用。

(3)全球海洋碳通量和储量评估及其与气候变化的关系。

(4)自然动力过程和人为活动对全球海洋浮游植物多样性变化的驱动效应。

(5)内陆水体与近海水质对自然动力过程和人为活动的响应,

(6)内陆水体与近海生态灾害的时空演变及其驱动机制。

(7)浮游植物—辐射驱动对大气海洋系统的反馈。

(8)地表径流与海洋动力过程的相互作用对沿海生态系统的影响。

(9)极端天气事件对海洋生态系统的影响。

(10)环境变化对浅海脆弱生态系统的影响。

(11)海洋垃圾的迁移转化及其生态效应。

(12)海洋生态系统对大气沉降的响应。

(13)冰川融化对极地水生态及地球系统的影响。

(14)渔业资源与浮游植物时空分布的关系。

遗憾的是,现有的水色卫星产品尚不能完全、很好地回答上述问题。这既有产品本身的原因,更在于水色学群体在推动水色卫星产品的大范围应用等方面尚待发力。要在科学和应用上取得突破,在今后的数十年里,我们还需要在以下方面进行不懈的努力。

---

部分内容源自 IOCCG Report #7 第 11 章。

## 12.1　改进传感器

海洋研究的一个重要特征是基于观测的，而合理、先进的现场和卫星设备是获得必要的、可信赖观测数据的前提。自然水体的高动态和高区域差异特征，促使卫星传感器的设计重点在保证适当的信噪比的同时，必须放在增强空间和光谱分辨率上，且尽可能通过各国家空间机构之间的多源卫星合作来提高时间分辨率。

### 12.1.1　空间分辨率

河口、海湾和湖泊的水质空间变化强烈，需要更高的空间分辨率（优于 200~300 m）来清晰地描述其环境参数的空间变化。这样的高空间分辨率产品能够应用于水产养殖业，并且还可能为目前难以解决的珊瑚礁白化和其他近岸生态系统提供信息。此外，更高空间分辨率的海洋水色数据将提高跟踪海洋特征和过程的能力，而这些特征和过程对重要商业鱼类种群和许多受保护物种的迁移、摄食、产卵和营养补充有很大的影响。同时，高的空间分辨率也将提高对（有害）藻华、淡水径流（通常含有污染物和病原体）以及其他感兴趣的海/湖水现象和过程的监测能力。

### 12.1.2　垂直分辨率

被动遥感的一个特点是只能获得上表层加权平均的信息，而没有水体参数的剖面信息，即缺乏垂直分辨率。自然水体常常出现分层的情况，并且浮游植物通常也在次表层有一个最大值层。因此，发展垂直探测手段，如星载和机载激光遥感（LIDAR），现场 Bio-ARGO 或 BGC-ARGO、Glider 及其他低成本光学剖面浮标等，是丰富水体观测的必要方向。

### 12.1.3　光谱分辨率

河川径流、悬浮沉积物、有色溶解有机物、大型浮游植物和浅水的底部反射都增加了沿海水域的光学复杂性。红外和短波红外（SWIR）中的一些波段可以改善大气校正，而红至近红外波段则可以帮助识别浮游植物：690~710 nm 的"红边"带已被用于检测（有害）藻华和马尾藻分布，而以约 680 nm 为中心的窄谱带常用于测量叶绿素 a 荧光峰的高度。此外，紫外线（UV）带显示出改善大气校正和识别浮游植物的潜力，同时也可用于更好地量化海洋有机和无机成分。大多数目前和计划中的传感器尚不能获得足够多的波段信息以优化光学复杂水域中水体组分的分离，也同样没有提供足够多的波段来优化大气校正。更高的光谱分辨率（更窄/更多的波段）和更宽的光谱覆盖范围（从 UV 到 SWIR 波段，且满足传感器信噪比要求）将能更好地区分水体和大气光学成分（特别是在沿海地区），加强对有害藻华的检测，并有助于更准确地量化悬浮物浓度、河流径流量和其他水质指标。

### 12.1.4  时间分辨率

目前每天一次的观测频率限制了对沿海高动态地区的观测效果。云层覆盖是一个重大问题，特别是在高度变化的沿海地区，可能会导致大面积区域极少或没有数据。缓解这一问题的有效方式是进行每天多次观测，及高时间分辨率观测，其数据将大大提高我们监测和管理水质与生态系统健康的能力。同样，描述并理解潮汐周期对生态环境的效应也需要更频繁的观测。日潮和半日潮所驱动的潮流大约每 6 小时进退一次，而昼夜风（如海陆风）、河流径流、上升流和暴风也会导致强劲的沿海潮流。因此，需要更频繁的观测来跟踪这些水文特征所导致的沿海生物—化学现象，包括含有害藻华的水团、淡水径流、油／污水溢出和其他有害物质。高频率、大面积观测也非常有助于开发生态系统模型，因而支持海洋自然保护区、鱼类必要栖息地（essential fish habitat）的管理，发布危险警告等。

水色卫星，包括激光遥感，能够获得的只是海洋上表层（＜200 m）的信息，该表层以下依然是盲点。要获得海洋的立体观测，以及定标、校正卫星观测产品的准确度，需要进一步发展能够大范围、长时间进行表面和剖面测量的平台和仪器，如 Floater、Bio-ARGO、Glider 等。同时，除了需要更先进的现场仪器准确获得水体的离水辐亮度，也需要新的设备高效准确地原位测量浮游植物的功能群体和组成、悬浮颗粒的成分和粒径特征、水体成分的偏振特性、180 度后向散射，以及溶解物的含量和组成。特别是，至今有色溶解有机物的多少还是以其在某一波长的吸收系数来表征的，这不能真正描述有色溶解有机物的成分或者含量，需要发展仪器准确测量其组成。可以预见，在今后的几十年甚至更长的时间里，水色学的研究和应用都将需要大量的现场仪器。在这些方面，必须有传统光学领域的专家学者、国产仪器研发企业的参与与投入，为水色学群体提供便捷、高性能的先进设备。

就更加宽泛的海洋光学而言，具有原子、分子等物质成分分析能力的拉曼光谱、显微光谱学等都将为海洋水色与水体光学特性的解译提供新的工具。同时，海洋光学手段的进步将为物理海洋中的湍流测量、水质生态（生物化学）的进步提供先进的工具。有些水体光学的微观应用领域，如藻类识别、水质污染及种类识别、海底冷泉气泡分布（与可燃冰、油气分布强相关）探测等海洋光学可发挥重大作用的领域，也迫切需要海洋水色／光学界提供有效技术手段和工具。

## 12.2  改进理论算法模型

虽然水色遥感已经开展了近 40 年，但叶绿素浓度的主流遥感算法依然是基于经验回归，并由一套算法参数来获得全球海洋（包括近岸水体）上表层各个季节的叶绿素浓度。这样的方式与浮游植物本身固有的时空变化特征相矛盾，不能完全反映其时空分布情况，并阻碍用这样的产品来准确分析气候变化的影响。因此，需要大力发展基于生物光学机理的遥感模式来反演叶绿素浓度，或者开发更容易获取、描述的替代产品。

同时，浮游植物如陆地森林一样也是多种多样的，其与环境的关系和对气候的反应各有千秋。因此，水色遥感不只是得到笼统的叶绿素浓度，同时需要能够分辨浮游植物类群，获得各类群的含量

（浓度）及其时空分布。这不但将显著提升对生态系统的了解和认知，更能大大促进对固碳和碳输出的准确量化。

我们已经在将水色光谱分解为多个水体组分的信息方面做了很多工作，但其效果在满足生态系统的监测等方面还存在很大误差，特别是对于近岸水域。提高水体组分遥感分解的准确度依然是水色遥感的一个难点和挑战。这也包括悬浮物浓度的遥感，我们需要从几十年里笼统的"悬浮物"浓度遥感迈入更细化的悬浮颗粒组分的遥感。

遥感反射率（$R_{rs}$）光谱是一切水体参数反演的核心，其准确度对水体参数产品的质量极为重要。准确的大气校正是获得高质量遥感反射比的关键。目前对大洋水域的大气校正已基本成熟，但对于近岸水体和吸收性气溶胶的环境，大气校正算法还存在很大的改进空间。特别是对于吸收性气溶胶，因为其在空间的高度位置也影响天顶测量的辐亮度，传统的查找表校正算法思路恐怕难以实现高质量的大气校正。

在广泛的水色应用上，宽波段且具有一定信噪比的所谓"陆地"遥感器已经获得了远远超过专用海洋水色遥感器的近海数据，但"海洋"学者对高几何分辨率、低光谱分辨率数据的应用潜力的深入系统研究还很不够。

另外，过去的传统遥感体系都是将每一个像元当成孤立的"个体"来对待、处理，而自然环境中的大气和水体都不是孤立的，是相互关联的。因此，在已有的几十年的卫星观测的基础上，有必要通过引入空间关系发展新的卫星遥感算法体系。

## 12.3 拓展水色遥感数据产品及服务

科学研究的一个重要目的是服务于社会。随着水色遥感数据产品的质和量的不断改进，越来越多的群体正雄心勃勃地将水色遥感产品用于科学研究、业务化服务和商业应用。海洋科学界已将水色卫星产品当作一种能够同化到物理 - 生物地球化学耦合模式中独特的、必需的数据流，并包含在全球气候观测系统（GCOS）的基本气候变量之中。在欧洲，全球环境与安全监测（Global Monitoring for Environment and Security，GMES）计划在大力培育用户采用海洋水色产品来帮助水质监测。与此同时，水框架计划（Water Framework Directive）和海洋环境战略（Marine Environment Strategy）等新政策也在推动其用户在预算范围内来调整他们的日常监测方法，从而使得基于卫星遥感的海洋水色信息日益得到认可。虽然这些成绩是非常可喜的，但如何使海量的水色卫星遥感数据更好地为各国的政策制定和大众服务，依然是水色学群体面临的一大挑战。我们在把区域、全球的水色遥感产品和海洋系统的关键过程联系起来，并整合到预测模型中的同时，需要努力把这些产品推向商业经营者及普通大众，让更多的人享受到现代科技进步的成果。

另外，目前的水色卫星标准产品主要集中在水体的光学参数、叶绿素浓度、颗粒有机碳等，这些产品为科学研究、政策制定、商业活动提供了一些基本的参数。但随着用户的增加，需开发新的数据产品来应对不断提出的新需求。这既可能是已经成熟的参数针对特定用户群体的个性化定制产品，也可能是全新的参数，如异常值随时间的变化等。欧洲和南美洲的水产养殖业过去仅使用相对简单的产品（如藻华检测）。我们应该认识到，这些产业在扩张的同时对海洋信息的需求也在快速增长，因此水色学这个群体应该计划，且必须提供一些新产品来改进包括对藻类暴发事件的描述，如水团划分（比如以盐度或者氧气浓度的剧烈变化或存在有害水母等的警告参数）、环境评级等。此外，商业旅游经营者、游钓者、海洋工程师和航运经营者都对海洋水色产品的商业应用表现出越来越多的关注，这些产品包括水体透明度、沉积物浓度等。

由于对海洋环境信息的需求日趋加大，因此还需要考虑以下产品来增加水色产品的用途：

（1）栖息地适宜性地图：为建立海洋保护区边界、管理商业和观光性重要的海洋生物资源、指导原位采样工作、定位有害藻华等目标生物服务。

（2）生态预测：为预测一个物种年龄级的生存率或生长速度、初始化和验证数值生态模型的结果、通过数据同化改善生态预测、即时预报或预测污染物和病原体的踪迹和运输服务。

（3）气候变化和影响评估的延伸应用：更好地估计海—气 $CO_2$ 通量的时空分布和海洋酸化，特别是在沿海地区，河流的输入和能生产的海洋径流可能降低仅基于海面温度和散射计风速估算的 $CO_2$ 通量的准确度；提供气候变化响应和其他人类活动导致的海洋上层生物量的长期数据及其变化。

需要强调的是，科学研究的推进和技术的发展以及两者的整合、转换和在业务化实践中的持续应用，也将产生改进的、新的业务化产品。

## 12.4 展 望

在过去的几十年里，水色学群体在推进海色卫星数据在科学研究、业务化服务、商业运营的应用等方面取得了重大进展。海洋水色产品及衍生信息与传统测量技术的结合也更加紧密。大量的研究活动得到了多国空间机构、海洋环境机构和研究中心等组织的广泛支持。欧洲太空局（ESA）、美国国家海洋和大气管理局（NOAA）等空间机构都在努力解决海洋水色卫星数据流的长时间连续性问题，从而确保数据和信息产品能够满足不同用户群体的需求。

为支持国际对地观测组织（Group on Earth Observations, GEO）的目标，地球观测卫星委员会（Committee on Earth Observation Satellites, CEOS）提出了虚拟星座 / 星系概念，以统筹、协助未来卫星观测系统的设计、运行和开发，从而满足一系列对地观测要求。海洋水色辐射测量虚拟星座（Ocean Colour Radiometry-Virtual Constellation, OCR-VC）由 IOCCG 于 2007 年左右提出，目的是保障在关键光谱波段获得连续的、校准的海洋水色辐射数据流。OCR-VC 将着重关注与健康、气候、生态系统和海洋渔业等若干与社会效益有关的产品和服务，并将为全球气候观测系统（GCOS）提供必要的气候变量（ECV）。最终，OCR-VC 将尽可能帮助各机构避免对地观测中的重复，并弥补新出现的数据差异，从而促进在全球建立持续的、互补的海洋水色观测网络。特别是未来几年 MODIS、VIIRS、OLCI 还将继续提供全球数据，同时，近期和不远的将来中国和多国空间机构将发射各有侧重的水色观测卫星。

随着移动设备的普及和人工智能、大数据技术的发展，基于个人移动设备的水体彩色图片（"三通道水色数据"）应该成为重要的研究方向。继搭载于小型无人机、无人艇等机动观测平台之后，可以预见，人类移动终端的微型多光谱甚至高光谱设备必将成为现实，这将极大地拓展人眼"三波段"视觉的信息丰度，大众多目标光谱的时代必将到来，从而带来人类活动所及水体的水色数据与信息的革命。海洋光学界应当具有这样的前瞻视野。一个有趣的类比是，目前基于几美元的移动设备罗盘、姿态、加速度等微机电系统（micro-electro-mechanical system，MEMS），通过新的智能算法已经可以在无全球导航卫星系统（global navigation satellite system，GNSS）信号的隧道、楼宇、地下车库等地方代替原来十万美元级的惯性导航设备，以米级的精度确定汽车或人体的位置。从这个意义上讲，我们的水色事业才刚刚开始！

未来，国际水色学群体应该发挥更积极的作用，促进观测手段不断精进，帮助提升对海洋环境的科学管理，并使得人类得以更好地了解赖以生存的蓝色星球。在这过程中，我们可以期待，通过水色遥感和海洋学界更密切的合作和交流获得新的海洋知识，在揭开"海洋——看不见的世界"的面纱中取得更大的成就。我们还需要加强沟通和协作，通过与各空间机构的合作，确保为科学研究、业务化服务、商业运营等群体提供更理想的数据流。我们相信，通过携手合作、共同发展，不断完善我们的技术和能力，水色学在自身获得进步的同时，也将为人类更好地认知、管理和保护好珍贵的地球水圈提供全新的视角，并做出不可磨灭的贡献。

# 参考文献

Abbott M R, Letelier R M, 1999. Algorithm theoretical basis document chlorophyll fluorescence (MODIS ATBD 20) [EB/OL], p. http://modis.gsfc.nasa.gov/data/atbd/atbd_mod22.pdf.

ACKER J G, BROWN C W, HINE A C, et al., 2002. Satellite remote sensing observations and aerial photography of storm-induced neritic carbonate transport from shallow carbonate platforms[J]. International Journal of Remote Sensing, 23: 2853-2868.

ACKER J G, LEPTOUKH G, 2007. Online analysis enhances use of NASA earth science data[J]. EOS Transactions AGU, 88: 14-17.

ALHEIT J, NIQUEN M, 2004. Regime shifts in the Humboldt current ecosystem[J]. Progress in Oceanography, 60: 201-222.

ALVAIN S, LOISEL H, DESSAILLY D, 2012. Theoretical analysis of ocean color radiances anomalies and implications for phytoplankton groups detection in case 1 waters[J]. Optics Express, 20: 1070-1083.

ALVAIN S, MOULIN C, DANDONNEAU Y, et al., 2005. Remote sensing of phytoplankton groups in case 1 waters from global SeaWiFS imagery[J]. Deep-Sea Research Part I-Oceanographic Research Papers, 52: 1989-2004.

ANDERSEN J H, SCHLUTER L, AERTEBJERG G, 2006. Coastal eutrophication: recent developments in definitions and implications for monitoring strategies[J]. Journal of Plankton Research, 28: 621-628.

ANTOINE D, ANDRE J M, MOREL A, 1996. Oceanic primary production 2. Estimation at global scale from satellite (coastal zone color scanner) chlorophyll[J]. Global Biogeochemical Cycles, 10: 57-69.

ANTOINE D, MOREL A, GORDON H R, et al., 2005. Bridging ocean color observations of the 1980s and 2000s in search of long-term trends[J]. Journal of Geophysical Research, 110: C06009, doi:01029/02004JC002620.

ARMSTRONG R A, LEE C, HEDGES J I, et al., 2002. A new, mechanistic model for organic carbon fluxes in the ocean based on the quantitative association of POC with ballast minerals[J]. Deep-Sea Research Part Ii-Topical Studies in Oceanography, 49: 219-236.

ARRIGO K R, ROBINSON D H, WORTHEN D L, et al., 1999. Phytoplankton community structure and the drawdown of nutrients and $CO_2$ in the Southern Ocean[J]. Science, 283: 365-367.

ARRIGO K R, VAN DIJKEN G, PABI S, 2008. Impact of a shrinking arctic ice cover on marine primary production[J]. Geophysical Research Letters, 35: doi:10.1029/2008gl035028.

AUSTIN R W, 1974. Inherent spectral radiance signatures of the ocean surface[M]// DUNTLEY S W. Ocean color analysis. San Diego: Scripps Inst. of Oceanogr, 1-20.

BABIN S M, CARTON J A, DICKEY T D, et al., 2004. Satellite evidence of hurricane-induced phytoplankton blooms in an oceanic desert[J]. Journal of Geophysical Research-Oceans, 109: doi:10.1029/2003JC001938.

BAI Y, HUANG T H, HE X Q, et al., 2015. Intrusion of the Pearl River plume into the main channel of the Taiwan Strait in summer[J]. Journal of Sea Research, 95: 1-15.

BALCH W M, GORDON H R, BOWLER B C, et al., 2005. Calcium carbonate measurements in the surface global ocean based on Moderate-Resolution Imaging Spectroradiometer data[J]. journal of geophysical research, 110: doi:10.1029/2004JC002560.

BEHRENFELD M, 2010. Abandoning Sverdrup's critical depth hypothesis on phytoplankton blooms[J]. Ecology, 91: 977-989.

BEHRENFELD M J, BOSS E, SIEGEL D, et al., 2005. Carbon-based ocean productivity and phytoplankton physiology from space[J]. Global Biogeochemical Cycles, 19: GB1006, doi:1010.1029/2004GB002299.

BEHRENFELD M J, FALKOWSKI P G, 1997a. A consumer's guide to phytoplankton primary productivity models[J]. Limnology and Oceanography, 42: 1479-1491.

BEHRENTELD M J, FALKOWSKI P G, 1997b. Photosynthetic rates derived from satellite-based chlorophyll concentration[J]. Limnology and Oceanography, 42: 1-20.

BEHRENFELD M J, O'MALLEY R T, SIEGEL D A, et al., 2006. Climate-driven trends in contemporary ocean productivity. Nature, 444: doi:10.1038/nature05317.

BEHRENFELD M J, RANDERSON J T, MCCLAIN C E, 2001. Biospheric primary production during an ENSO transition[J]. Science, 291: 2594-2597.

BIGGS D C. JOCHENS A E, HOWARD M K, et al., 2005. Eddy forced variations in on-and off-margin summertime circulation along the 1000-m isobath of the northern Gulf of Mexico, 2000–2003, and links with sperm whale distributions along the middle slope[J]. American Geophysical Union, doi:10.1029/161GM06.

BINDING C E, BOWERS D G, MITCHELSON-JACOB E G, 2005. Estimating suspended sediment concentrations from ocean colour measurements in moderately turbid waters; the impact of variable particle scattering properties[J]. Remote Sensing of Environment, 94: 373-383.

BOESCH H, BAKER D, CONNOR B, et al., 2011. Global characterization of $CO_2$ column retrievals from shortwave-infrared satellite observations of the orbiting carbon observatory-2 mission[J]. Remote Sensing, 3: 270-304.

BOUMAN H, PLATT T, SATHYENDRANATH S, et al., 2005. Dependence of light-saturated photosynthesis on temperature and community structure[J]. Deep-Sea Research Part I-Oceanographic Research Papers, 52: 1284-1299.

BOYCE D G, LEWIS M P, WORM B, 2010. Global phytoplankton decline over the past century[J]. Nature, 466: 591-596.

BRACHER A, VOUNTAS M, DINTER T, et al., 2009. Quantitative observation of cyanobacteria and diatoms from space using PhytoDOAS on SCIAMACHY data[J]. Biogeosciences, 6: 751-764.

BREITBARTH E, OSCHLIES A, LAROCHE J, 2007. Physiological constraints on the global distribution of Trichodesmium-effect of temperature on diazotrophy[J]. Biogeosciences, 4: 53-61.

BREITBURG D, LEVIN L A, OSCHLIES A, et al., 2018. Declining oxygen in the global ocean and coastal waters[J]. Science (New York, N.Y.), 359: doi:10.1126/science.aam7240.

BREWIN R J W, HIRATA T, HARDMAN-MOUNTFORD N J, et al., 2012. The influence of the Indian Ocean Dipole on interannual variations in phytoplankton size structure as revealed by earth observation[J]. Deep-Sea Research Part Ii-Topical Studies in Oceanography, 77-80: 117-127.

BRICAUD A, CIOTTI A M, GENTILI B, 2012. Spatial-temporal variations in phytoplankton size and colored detrital matter absorption at global and regional scales, as derived from twelve years of SeaWiFS data (1998–2009)[J]. Global Biogeochemical Cycles, 26: GB1010, doi:1010.1029/2010GB003952.

BROERSE A T C, TYRRELL T, YOUNG J R, et al., 2003. The cause of bright waters in the Bering Sea in winter[J]. Continental Shelf Research, 23: 1579-1596.

BROWMAN H I, STERGIOU K I, 2005. Politics and socio-economics of ecosystem-based management of marine resources[J]. Marine Ecology Progress Series, 300: 241-242.

BURKE L, 2011. Reefs at risk: map-based analyses of threats to coral reefs[M]// HOPLEY D. Encyclopedia of modern coral reefs ( Encyclopedia of Earth Sciences Series). Berlin: Springer.

CAI P H, ZHAO D C, WANG L, et al., 2015. Role of particle stock and phytoplankton community structure in regulating particulate organic carbon export in a large marginal sea[J]. Journal of Geophysical Research-Oceans, 120: 2063-2095.

CALIL P H R, RICHARDS K J, 2010. Transient upwelling hot spots in the oligotrophic North Pacific[J]. Journal of Geophysical Research-Oceans, 115: doi:10.1029/2009JC005360.

CAPONE D G, ZEHR J P, PAERL H W, et al., 1997. Trichodesmium, a globally significant marine cyanobacterium[J]. Science, 276: 1221-1229.

CARDER K L, CHEN F R, LEE Z P, et al., 1999. Semianalytic moderate-resolution imaging spectrometer algorithms for chlorophyll-a and absorption with bio-optical domains based on nitrate-depletion temperatures[J].Journal of Geophysical Research, 104: 5403-5421.

CARDER K L, LIU C C, LEE Z P, et al., 2003. Illumination and turbidity effects on observing faceted bottom elements with uniform lambertian albedos[J]. Limnology and Oceanography, 48: 355-363.

CARPENTER E J, CAPONE D G, 1992. Nitrogen fixation in Trichodesmium blooms[M]//CARPENTER E J. Marine pelagic cyanobacteria: trichodesmium and other diazotrophs. Amsteldam: Kluwer Academic.

CHARLOCK T P, 1982. Mid-latitude model analysis of solar-radiation, the upper layers of the sea, and seasonal climate[J]. Journal of Geophysical Research-Oceans and Atmospheres, 87: 8823-8930.

CHAVEZ F P, MESSIÉ M, PENNINGTON J T, 2011. Marine primary production in relation to climate variability and change[J]. Marine Science, 3: 227-260.

CHAVEZ F P, STRUTTON P G, MCPHADEN M J, 1998. Biological-physical coupling in the central equatorial Pacific during the onset of the 1997-98 El Nino[J]. Geophysical Research Letters, 25: 3543-3546.

CHELTON D B, SCHLAX M G, SAMELSON R M, 2011. Global observations of nonlinear mesoscale eddies[J]. Progress in Oceanography, 91: 167-216.

CHEN C T A, BORGES A V, 2009. Reconciling opposing views on carbon cycling in the coastal ocean: continental shelves as sinks and near-shore ecosystems as sources of atmospheric $CO_2$[J]. Deep-Sea Research Part Ii-Topical Studies in Oceanography, 56: 578-590.

CHEN C T A, WANG S L, 1999. Carbon, alkalinity and nutrient budgets on the East China Sea continental shelf[J]. Journal of Geophysical Research-Oceans, 104: 20675-20686.

CHEN I C, LEE P F, TZENG W N, 2005. Distribution of albacore (Thunnus alalunga) in the Indian Ocean and its relation to environmental factors[J]. Fisheries Oceanography, 14: 71-80.

CHEN J, GENIO A D D, CARLSON B E, et al., 2007a. The spatiotemporal structure of twentieth-century climate variations in observations and reanalyses. part I: long-term trend[J]. Journal of Climate, 21: 2611-2633.

CHEN Z, MULLER-KARGERA F E, HU C, 2007b. Remote sensing of water clarity in Tampa Bay[J]. Remote Sensing of Environment, 109: 249-259.

CHISHOLM S W, 1992. Phytoplankton size[M]// Falkowski P G, Woodhead a d. Primary productivity and biogeochemical cycles in the sea. New York: Plenum Press.

CLAPHAM P, 2004. Improving right whale management and conservation through ecological research[R]. Paper presented at the Report of the Working Group Meeting, Northeast Fisheries Science Center, 166 Water Street, Woods Hole, MA.

CLARK R N, SWAYZE G A, LEIFER I, et al., 2010. A method for quantitative mapping of thick oil spills using imaging spectroscopy[R]. U. S. Department of the In terior, U. S. Geological Survey. Open-File Report 2010-1167, 51p.

CLARKE G L, EWING G C, LORENZEN C J, 1969. Remote measurement of ocean color as an index of biological productivity[R] .Proceedings of the Sixth International Symposium on Remote Sensing of Environment, Environmental Research Institute of Michigan, 991-1002.

COLES V J, WILSON C, HOOD R R, 2004. Remote sensing of new production fuelled by nitrogen fixation[J]. Geophysical Research Letters, 31: doi:1029/2003gl019018.

COLWELL R R, 1996. Global climate and infectious disease: the cholera paradigm[J]. Science, 274: 2025-2031.

COPLEY J, 2014. Just how little do we know about the ocean floor?[J] . Scientific American.

COSCA C E, FEELY R A, BOUTIN J, 2003. Seasonal and interannual $CO_2$ fluxes for the central and eastern equatorial Pacific Ocean as determined from fCO(2)-SST relationships[J]. Journal of Geophysical Research-Oceans, 108:

doi:10.1029/2000JC000677.

CUI Q, HE X Q, LIU Q, et al., 2018. Estimation of lateral DOC transport in marginal sea based on remote sensing and numerical simulation[J]. Journal of Geophysical Research: Oceans, 123: doi:10.1029/2018JC014079.

CUSHING D H, 1990. Plankton production and year-class strength in fish populations—an update of the match mismatch hypothesis[J]. Advances in Marine Biology, 26: 249-293.

DAI M H, CAO Z M, GUO X H, 2013. Why are some marginal seas sources of atmospheric $CO_2$?[J]. Geophysical Research Letters, 40: 2154-2158.

DECKER M B, BROWN C W, HOOD R R, 2007. Predicting the distribution of the scyphomedusa *Chrysaora quinquecirrha* in Chesapeake Bay[J]. Marine Ecology Progress Series, 329: 99-113.

DEKKER A G, PHINN S R, ANSTEE J, et al., 2011. Intercomparison of shallow water bathymetry, hydro-optics, and benthos mapping techniques in Australian and Caribbean coastal environments[J]. Limnology and Oceanography: Methods, 9: 396-425.

DENMAN K L, 1973. A time-dependent model of the upper ocean[J]. Journal of Physical Oceanography, 3: 173-184.

DEVRED E, SATHYENDRANATH S, PLATT T, 2007. Delineation of ecological provinces using ocean colour radiometry[J]. Marine Ecology-Progress Series, 346: 1-13.

DEVRED E, SATHYENDRANATH S, PLATT T, 2009. Decadal changes in ecological provinces of the Northwest Atlantic Ocean revealed by satellite observations[J]. Geophysical Research Letters, 36: doi:10.1029/2009GL039896.

DEVRED E, SATHYENDRANATH S, STUART V, et al., 2006. A two-component model of phytoplankton absorption in the open ocean: theory and applications[J]. Journal of Geophysical Research, 111: C03011, doi:03010.01029/02005JC002880.

DEVRED E, SATHYENDRANATH S, STUART V, et al., 2011. A three component classification of phytoplankton absorption spectra: Application to ocean-color data[J]. Remote Sensing of Environment, 115: 2255-2266.

DI LORENZO E, OHMAN M D, 2013. A double-integration hypothesis to explain ocean ecosystem response to climate forcing[J]. Proceedings of the National Academy of Sciences of the United States of America, 110: 2496-2499.

DOERFFER R, SCHILLER H, 2007. The MERIS case 2 water algorithm[J]. International Journal of Remote Sensing, 28: 517-535.

DONEY S C, LINDSAY K, FUNG I, et al., 2006. Natural variability in a stable, 1000-yr global coupled climate-carbon cycle simulation[J]. Journal of Climate, 19: 3033-3054.

DRUON J N, MANNINO A, SIGNORINIS, 2010. Modeling the dynamics and export of dissolved organic matter in the Northeastern US continental shelf[J]. Estuarine Coastal and Shelf Science, 88: 488-507.

DRUON J N, SCHRIMPF W, DOBRICIC S, et al., 2004. Comparative assessment of large-scale marine eutrophication: North Sea area and Adriatic Sea as case studies[J]. Marine Ecology Progress Series, 272: 1-23.

DUFORÊT-GAURIER L, LOISEL H, DESSAILLY D, et al., 2010. Estimates of particulate organic carbon over the euphotic depth from in situ measurements. Application to satellite data over the global ocean[J]. Deep-Sea Research Part I-Oceanographic Research Papers, 57: 351-367.

DUGDALE R C, GOERING J J, 1967. Uptake of new and regenerated forms of nitrogen in primary productivity[J]. Limnology and Oceanography, 12: 196-206.

DUNNE J P, ARMSTRONG R A, GNANADESIKAN A, et al., 2005. Empirical and mechanistic models for the particle export ratio[J]. Global Biogeochemical Cycles, 19: doi:10.1029/2004GB002390.

DUPOUY C, NEVEUX J, SUBRAMANIAM A, et al., 2000. Satellite captures Trichodesmium blooms in the southwestern tropical Pacific[J]. EOS Trans, 81: doi:10.1029/00EO00008.

DUPOUY C, PETIT M, DANDONNEAU Y, 1988. Satellite detected cyanobacteria bloom in the southwestern tropical Pacific Implication for oceanic nitrogen fixation[J]. International Journal of Remote Sensing, 9: 389-396.

DUTKIEWICZ S, FOLLOWS M, MARSHALL J, et al., 2001. Interannual variability of phytoplankton abundances in the North Atlantic[J]. Deep-Sea Research Part Ii-Topical Studies in Oceanography, 48: 2323-2344.

DWIVEDI R M, SOLANKI H U, NAYAK S R, et al., 2005. Exploration of fishery resources through integration of ocean colour with sea surface temperature: Indian experience[J]. Indian Journal of Marine Sciences, 34: 430-440.

EDWARDS M, RICHARDSON A J, 2004. Impact of climate change on marine pelagic phenology and trophic mismatch[J]. Nature, 430: 881-882.

EMANUEL K, 2005. Increasing destructiveness of tropical cyclones over the past 30 years[J]. Nature, 436: doi:10.1038/nature03906.

EVERITT J H, YANG C, SRIHARAN S, et al., 2008. Using high resolution satellite imagery to map black mangrove on the Texas Gulf Coast[J]. Journal of Coastal Research, 24: 1582-1586.

FALKOWSKI P G, LAWS E A, BARBER R T, et al., 2003. Phytoplankton and their role in primary, new, and export production[M]//Ocean biogeochemistry: a synthesis of the joint global ocean flux study (JGOFS). Berlin: Springer, 99-121.

FASHAM M J R, 2003. Ocean biogeochemsitry: the role of the ocean carbon cycle in global change[J]. Berlin: Springer-Verlag, 297.

FELDMAN G, CLARK D, HALPERN D, 1984. Satellite color observations of the phytoplankton distribution in the Eastern Equatorial Pacific during the 1982–1983 El-Nino[J]. Science, 226: 1069-1071.

FENG L, HU C M, CHEN X L, et al., 2011a. MODIS observations of the bottom topography and its inter-annual variability of Poyang Lake[J]. Remote Sensing of Environment, 115: 2729-2741.

FENG L, HU C, CHEN X, et al., 2011b. Satellite observations make it possible to estimate Poyang Lake's water budget[J]. Environmental Research Letters, 6: 044023.

FEURER D, BAILLY J S, PUECH C, et al., 2008. Very-high-resolution mapping of river-immersed topography by remote sensing[J]. Progress in Physical Geography, 32: 403-419.

FIEDLER P C, BERNARD H J, 1987. Tuna aggregation and feeding near fronts observed in satellite imagery[J]. Continental Shelf Research, 7: 871-881.

FIELD C B, BEHRENFELD M J, RANDERSON J T, et al., 1998. Primary production of the biosphere: integrating terrestrial and oceanic components[J]. Science, 281: 237-240.

FOLLOWS M, DUTKIEWICZ S, 2002. Meteorological modulation of the North Atlantic spring bloom[J]. Deep-Sea Research Part Ii-Topical Studies in Oceanography, 49: 321-344.

FRIEDRICHS M A M, CARR M E, BARBER R T, et al., 2009a. Assessing the uncertainties of model estimates of primary productivity in the tropical Pacific Ocean[J]. Journal of Marine Systems, 76: 113-133.

FU G, BAITH K S, MCCLAIN C R, 1998. SeaDAS: the SeaWiFS data analysis system[R]. Ocean Remote Sensing Conferenceproceedings of the Fourth Ocean Remote Sensing Conference, 73-77.

FUENTES-YACO C, KOELLER P A, SATHYENDRANATH S, et al., 2007. Shrimp (Pandalus borealis) growth and timing of the spring phytoplankton bloom on the Newfoundland-Labrador Shelf[J]. Fisheries Oceanography, 16: 116-129.

GARCIA R, LEE Z P, HOCHBERG E J, 2018. Hyperspectral shallow-water remote sensing with an enhanced benthic classifier[J]. Remote Sensing, 10: doi:10.3390/rs10010147.

GARCIA S M, COCHRANE K L, 2005. Ecosystem approach to fisheries: a review of implementation guidelines[J]. Ices Journal of Marine Science, 62: 311-318.

GARDNER W D, MISHONOV A, RICHARDSON M J, 2006. Global POC concentrations from in-situ and satellite data[J]. Deep-Sea Research Part Ii-Topical Studies in Oceanography, 53: 718-740.

GARZAPÉREZ J R, LEHMANN A, ARIAS-GONZALEZ J E, 2004. Spatial prediction of coral reef habitats: integrating ecology with spatial modeling and remote sensing[J]. Marine Ecology Progress Series, 269: 141-152.

GCP, 2003. Global carbon project: the GCP science framework and implementation[R]//CANADELL J G, DICKSON R, RAUPACH M. GCP Report Series. Earth Science System, Partnership (ESS), 69.

GILDOR H, SOBEL A H, CANE M A, et al., 2003. A role for ocean biota in tropical intraseasonal atmospheric variability[J]. Geophysical Research Letters, 30: 1460, doi:10.1029/2002GL016759.

GLENN S, and others 2004. The expanding role of ocean color and optics in the changing field of operational oceanography[J]. Oceanography, 17: 86-95.

GOLDMAN J C, 1988. Spatial and temporal discontinuities of biological processes in pelagic surface waters[M]// ROTHSCHILD B J. Toward a theory on biological-physical interactions in the world ocean. Amsteldam: Kluwer Acedemic, 273-296.

GOODMAN J A, USTIN S L, 2007. Classification of benthic composition in a coral reef environment using spectral unmixing[J]. Journal of Applied Remote Sensing, 1: 011501.

GORDON H R, BOYNTON G C, BALCH W M, et al., 2001. Retrieval of coccolithophore calcite concentration from SeaWiFS imagery[J]. Geophysical Research Letter, 28(8): 1587-1590, 1510.1029/2000GL012025.

GORDON H R, BROWN O B, EVANS R H, et al., 1988. A semianalytic radiance model of ocean color[J]. Journal of Geophysical Kesearch, 93: 10909-910924.

GORDON H R, BROWN O B, JACOBS M M, 1975. Computed relationship between the inherent and apparent optical properties of a flat homogeneous ocean[J]. Applied Optics, 14: 417-427.

GORDON H R, CLARK D K, BROWN J W, et al., 1983. Phytoplankton pigment concentrations in the Middle Atlantic Bight: comparison of ship determinations and CZCS estimates[J]. Applied Optics, 22: 20-36.

GORDON H R, MOREL A, 1983. Remote assessment of ocean color for interpretation of satellite visible imagery: a review[M]. Berlin: Springer-Verlag.

GOWER J, KING S, BORSTAD G, et al., 2005. Detection of intense plankton blooms using the 709 nm band of the MERIS imaging spectrometer[J]. International Journal of Remote Sensing, 26: 2005-2012.

GREGG W, CONKRIGHT M E, O'REILLY J E, et al., 2002. NOAA-NASA coastal zone color scanner reanalysis effort[J]. Applied Optics, 41: 1615-1628.

GREGG W W, CASEY N W, MCCLAIN C R, 2005. Recent trends in global ocean chlorophyll[J]. Geophysical Research Letters, 32: L03606, doi:03610.01029/02004GL021808.

GREGG W W, CONKRIGHT M E, 2002. Decadal changes in global ocean chlorophyll[J]. Geophysical Research Letters, 29: 1730, doi:1710.1029/2002GL014689.

GUINET C, DUBROCA L, LEA M A, et al., 2001. Spatial distribution of foraging in female Antarctic fur seals Arctocephalus gazella in relation to oceanographic variables: a scale-dependent approach using geographic information systems[J]. Marine Ecology Progress Series, 219: 251-264.

GUO L, SANTSCHI P H, WARNKEN K W, 1995. Dynamics of dissolved organic carbon (DOC) in oceanic environments[J]. Limnology Oceanography, 40: 1392-1403.

HALES B, STRUTTOW P G, SARACENO M, et al., 2012. Satellite-based prediction of $pCO_2$ in coastal waters of the eastern North Pacific[J]. Progress in Oceanography, 103: 1-15.

HALLEGRAEFF G M, 1993. A review of harmful algal blooms and their apparent global increase[J]. Phycologia, 32: 79-99.

HE X Q, BAI Y, PAN D, et al., 2013. Using geostationary satellite ocean color data to map the diurnal dynamics of suspended particulate matter in coastal waters[J]. Remote Sensing of Environment, 133: 225-239.

HEDLEY J D, MUMBY P J, 2003. A remote sensing method for resolving depth and subpixel composition of aquatic benthos[J]. Limnology Oceanography, 48: 480-488.

HENSON S A, SANDERS R, MADSEN E, et al., 2011. A reduced estimate of the strength of the ocean's biological carbon pump[J]. Geophysical research letters, 38: doi:10.1029/2011GL046735.

HERRAULT P A, GANDOIS L, GASCOIN S, et al., 2016. Using high spatio-temporal optical remote sensing to monitor dissolved organic carbon in the Arctic River Yenisei[J]. Remote Sensing, 8:doi:10.3390/rs8100803.

HILBORN R, BRANCH T A, ERNST B, et al., 2003, State of the world's fisheries[J]. Annual Review of Environment and Resources, 28: 359-399.

HIRATA T, HARDMANMOUNTFORD N J, BREWIN R J W, et al., 2011. Synoptic relationships between surface Chlorophyll-a and diagnostic pigments specific to phytoplankton functional types[J]. Biogeosciences, 8: 311-327.

HO D T, LAW C S, SMITH M J, et al., 2006. Measurements of air-sea gas exchange at high wind speeds in the Southern Ocean: implications for global parameterizations (vol 33, art no L16611, 2006)[J]. Geophysical Research Letters, 33: L23604, doi:10.1029/2007GL030943.

HOGE F E, LYON P F, 2002. Satellite observation of chromophoric dissolved organic matter (CDOM) variability in the wake of hurricanes and typhoons[J]. Geophysical Research Letters, 29: 1908, doi:1910.1029/2002GL015114.

HOVIS W A, LEUNG K C, 1977. Remote sensing of ocean color[J]. Optical Engineering, 16: 158.

HU C, LEE Z, MA R, et al., 2010a. Moderate resolution imaging spectroradiometer (MODIS) observations of cyanobacteria blooms in Taihu Lake, China[J]. Journal of Geophysical Research, 115: C04002, doi:04010.01029/02009JC005511.

HU C, CANNIZZARO J, CARDER K L, et al., 2010b. Remote detection of Trichodesmium blooms in optically complex coastal waters: examples with MODIS full-spectral data[J]. Remote Sensing of Environment, 114: 2048-2058.

HU C, LEE Z, FRANZ B, 2012. Chlorophyll a algorithms for oligotrophic oceans: a novel approach based on three-band reflectance difference[J]. Journal of Geophysical Research, 117: C01011, doi:01010.01029/02011JC007395.

HU C, MULLEK-KARGER F E, TAYLOR C, et al., 2005. Red tide detection and tracing using MODIS fluorescence data: a regional example in SW Florida coastal waters[J]. Remote Sensing of Environment, 97: 311-321.

HU C, MURCH B, BARNES B, et al., 2016a. Sargassum watch warns of incoming seaweed[J]. Eos, 97: 10-15.

HU C M, 2009. A novel ocean color index to detect floating algae in the global oceans[J]. Remote Sensing of Environment, 113: 2118-2129.

HU C M, CHEN Z Q, CLAYTON T D, et al., 2004. Assessment of estuarine water-quality indicators using MODIS medium-resolution bands: initial results from Tampa Bay, FL[J]. Remote Sensing of Environment, 93: 423-441.

HU C M. FENG L, HOLMES J, et al., 2018. Remote sensing estimation of surface oil volume during the 2010 Deepwater Horizon oil blowout in the Gulf of Mexico: scaling up AVIRIS observations with MODIS measurements[J]. Journal of Applied Remote Sensing,12: doi:10.1117/1.Jrs.12.026008.

HU Z F, PAN D L, HE X Q, et al., 2016b. Diurnal variability of turbidity fronts observed by geostationary satellite ocean color remote sensing[J]. Remote Sensing, 8:147.

HUGHES T, KERRY J T, ALVAREZ-NORIEGA M, et al., 2017. alvaeenoriega m, et al., Global warming and recurrent mass bleaching of corals[J]. Nature, 543: 373-377.

HUISMAN J, SHARPLES J, STROOM J M, et al., 2004. Changes in turbulent mixing shift competition for light between phytoplankton species[J]. Ecology, 85: 2960-2970.

HUNG J J, CHEN C H, GONG G C, et al., 2003. Distributions, stoichiometric patterns and cross-shelf exports of dissolved organic matter in the East China Sea[J]. Deep-Sea Research Part Ii-Topical Studies in Oceanography, 50: 1127-1145.

IOCCG, 1999. Status and plans for satellite ocean-colour missions: considerations for complementary missions[R]. YODER J A. Reports of the International Ocean Colour Coordinating Group, No. 2, IOCCG, Dartmouth, Canada.

IOCCG, 2000. Remote sensing of ocean colour in coastal, and other optically-complex, waters[R] // SATHYENDRANATH S. Reports of the International Ocean Colour Coordinating Group, No.3. IOCCG, Dartmouth Canada.

IOCCG, 2001. SeaWiFS' contribution to Volvo Ocean Race[EB/OL]. IOCCG News, October 2001, http://www.ioccg.org/news/Oct2001/Octrows.html.

IOCCG, 2014. Phytoplankton Functional Types from Space[R]//SATHYENDRANATH S. Reports of the International

Ocean-Colour Coordinating Group, IOCCG.

IVONA C, PERRY M J, BRIGGS N T, et al., 2012. Particulate organic carbon and inherent optical properties during 2008 North Atlantic Bloom Experiment[J]. Journal of Geophysical Research Oceans, 117: doi:10.1029/2011JC007771.

JENA B, SAHU S, AVINASH K, et al., 2013. Observation of oligotrophic gyre variability in the south Indian Ocean: environmental forcing and biological response[J]. Deep-Sea Research Part I-Oceanographic Research Papers, 80: 1-10.

JERLOV N G, 1976. MARINE OPTICS[M]. Amsteldem: Elsevier.

JIN D, MURTUGUDDE R, WALISER D E, 2012. Tropical Indo-Pacific Ocean chlorophyll response to MJO forcing[J]. Journal of Geophysical Research-Oceans, 117: doi:10.1029/2012JC008015.

JIN M B, DEAL C, WANG J, et al., 2009. Response of lower trophic level production to long-term climate change in the southeastern Bering Sea[J]. Journal of Geophysical Research-Oceans, 114: doi:10.1029/2008JC005105.

KAHRU M, LEE Z P, MITCHELL B G, et al., 2016. Effects of sea ice cover on satellite-detected primary production in the Arctic Ocean[J]. Biology Letters, 12: doi:10.1098/rsbl.2016.0223.

KARL D, LETELIER R, TUPAS L, et al., 1997. The role of nitrogen fixation in biogeochemical cycling in the subtropical North Pacific Ocean[J]. Nature, 388: 533-538.

KARL D M, BIDIGARE R R, LETELIER R M, 2001. Long-term changes in plankton community structure and productivity in the North Pacific Subtropical Gyre: the domain shift hypothesis[J]. Deep-Sea Research Part Ii-Topical Studies in Oceanography, 48: 1449-1470.

KENNEY R D, MAYO C A, WINN H E, 2001. Migration and foraging strategies at varying spatial scales in western North Atlantic right whales: a review of hypotheses[J]. Journal of Cetacean Research and Management, doi:http://dx.doi.org/.

KIRK J T O, 1994. Light and photosynthesis in aquatic ecosystems[M]. Cambridge: Cambridge University Press.

KNAPP K R, 2011. Globally gridded satellite observations for climate studies[J]. Bulletin of the American Meteorological Society, 92: 893-907.

KOSTADINOV T, SIEGEL D, MARITORENA S, 2009. Retrieval of the particle size distribution from satellite ocean color observations[J]. Journal of Geophysical Research: Oceans, 114: co9015, doi:10.1029/2009JC005303.

KOSTADINOV T S, SIEGEL D A, MARITORENA S, 2010. Global variability of phytoplankton functional types from space: assessment via the particle size distribution[J]. Biogeosciences, 7: 3239-3257.

KOVACS J M, ZHANG C, FLORES-VERDUGO F J, 2008. Mapping the condition of mangroves of the Mexican Pacific using C-band ENVISAT ASAR and Landsat optical data[J]. Ciencias Marinas, 34: 407-418.

KUENZER C, BLUEMEL A, GEBHARDT S, et al., 2011. Remote sensing of mangrove ecosystems: a review[J]. Remote Sensing, 3: 878-928.

KUTSER T, ALIKAS K, KOTHAWALA D N, et al., 2015. Impact of iron associated to organic matter on remote sensing estimates of lake carbon content[J]. Remote Sensing of Environment, 156: 109-116.

KVENVOLDEN K A, COOPER C K, 2003. Natural seepage of crude oil into the marine environment[J]. Geo-Marine Letters, 23: 140-146.

LAHET F, STRAMSKI D, 2010. MODIS imagery of turbid plumes in San Diego coastal waters during rainstorm events[J]. Remote Sensing of Environment, 114: 332-344.

LAURS R M, FIEDLER P C, MONTGOMERY D R, 1984. Albacore tuna catch distributions relative to environmental features observed from satellites[J]. Deep-Sea Research Part a-Oceanographic Research Papers, 31: 1085-1099.

LAWS E A, D'SA E, NAIK P, 2011. Simple equations to estimate ratios of new or export production to total production from satellite-derived estimates of sea surface temperature and primary production[J]. Limnology and Oceanography: Methods, 9: 593-601.

LE C, ZHOU X, HU C, et al., 2018. A color-index-based empirical algorithm for determining particulate organic carbon concentration in the ocean from satellite observations[J]. Journal of Geophysical Research: Oceans, 123: 7407-7419.

LE C F, LEHRTER J G, HU C, et al., 2016. Satellite-based empirical models linking river plume dynamics with hypoxic area and volume[J]. Geophysical Research Letters, 43: 2693-2699.

LEE, Z P, HU C, ARNONE R, et al., 2012. Impact of sub-pixel variations on ocean color remote sensing products[J]. Optics Express, 20: 20844-20854.

LEE Z P, HU C, CASEY B, et al., 2010. Global shallow-water bathymetry from satellite ocean color data[J]. EOS Transactions, 91: 429-430.

LEE Z P, SHANG S, DU K, et al., 2018. Resolving the long-standing puzzles about the observed Secchi depth relationships[J]. Limnology and Oceanography, doi:10.1002/lno.10940.

LEE Z, LANCE V P, SHANG S L, et al., 2011. An assessment of optical properties and primary production derived from remote sensing in the Southern Ocean (SO GasEx). Journal of Geophysical Research, 116: C00F03, doi:10.1029/2010JC006747.

LEE Z, SHANG S L, HU C, et al., 2015. Secchi disk depth: a new theory and mechanistic model for underwater visibility[J]. Remote Sensing of Environment, 169: 139-149.

LEE Z P, CARDER K L, MARRA J, et al., 1996. Estimating primary production at depth from remote sensing[J]. Applied Optics, 35: 463-474.

LEE Z P, CARDER K L, MOBLEY C D, et al., 1999. Hyperspectral remote sensing for shallow waters: 2. deriving bottom depths and water properties by optimization[J]. Applied Optics, 38: 3831-3843.

LEE Z P, DU K P, ARNONE R, 2005a. A model for the diffuse attenuation coefficient of downwelling irradiance[J]. Journal of Geophysical Research, 110: doi:1029/2004JC002275.

LEE Z P, DARECKI M, CARDER K L, et al., 2005b. Diffuse attenuation coefficient of downwelling irradiance: an evaluation of remote sensing methods[J]. Journal of Geophysical Research, 110: doi:10.1029/2004JC002573.

LEFEVRE N, AIKEN J, RUTLLANT J, et al., 2002. Observations of $pCO_2$ in the coastal upwelling off Chile: spatial and temporal extrapolation using satellite data[J]. Journal of Geophysical Research-Oceans, 107.

LEIFER I, LEHR W J, SIMECEK-BEATTY D, et al., 2012. State of the art satellite and airborne marine oil spill remote sensing: application to the BP Deepwater Horizon oil spill[J]. Remote Sensing of Environment, 124: 185-209.

LEVY M, LEHAHN Y, ANDRE J M, et al., 2005. Production regimes in the northeast Atlantic: a study based on sea-viewing wide field-of-view sensor (SeaWiFS) chlorophyll and ocean general circulation model mixed layer depth[J]. Journal of Geophysical Research-Oceans, 110: doi:10.1029/2004jc002771.

LEWIS M R, KURING N, YENTSCH C, 1988. Global patterns of ocean transparency: implications for the new production of the open ocean[J]. Journal of Geophysical Research, 93: 6847-6856.

LI H M, TANG H J, SHI X Y, et al., 2014. Increased nutrient loads from the Changjiang (Yangtze) River have led to increased Harmful Algal Blooms[J]. Harmful Algae, 39: 92-101.

LI T, BAI Y, HE X Q, et al., 2018. Satellite-based estimation of particulate organic carbon export in the northern South China Sea[J]. Journal of Geophysical Research: Oceans, doi:10.1029/2018JC014201.

LIN I, LIU W T, CHUNCHIEH W, et al., 2003. New evidence for enhanced ocean primary production triggered by tropical cyclone[J]. Geophysical Research Letters, 30: 1718, doi:1710.1029/2003GL017141.

LITZOW M A, CIANNELLI L, 2007. Oscillating trophic control induces community reorganization in a marine ecosystem[J]. Ecology Letters, 10: 1124-1134.

LIU F F, TANG S L, CHEN C Q, 2013a. Estimation of particulate zinc using MERIS data of the Pearl River Estuary[J]. Remote Sensing Letters, 4: 813-821.

LIU Q, PAN D, BAI Y, et al., 2014. Estimating dissolved organic carbon inventories in the East China Sea using remote-sensing data[J]. Journal of Geophysical Research-Oceans, 119: 6557-6574.

LIU Q, PAN D, BAI Y, et al., 2013b. The satellite reversion of dissolved organic carbon (DOC) based on the analysis of the mixing behavior of DOC and colored dissolved organic matter: the East China Sea as an example[J]. Acta Oceanologica

Sinica, 32: 1-11.

LOBITZ B, BECK L, HUQ A, et al., 2000. Climate and infectious disease: use of remote sensing for detection of *Vibrio cholerae* by indirect measurement[J]. PNAS, 97: 1438-1443.

LOHRENZ S E, CAI W J, 2006. Satellite ocean color assessment of air-sea fluxes of $CO_2$ in a river-dominated coastal margin[J]. Geophysical Research Letters, 33:1601-1-1601-4.

LOISEL H, NICOLAS J M, DESCHAMPS R Y, et al., 2002. Seasonal and inter-annual variability of particulate organic matter in the global ocean[J]. Geophysical Research Letters, 29: doi:10.1029/2002GL015948.

LONGHURST A, SATHYENDRANATH S, PLATT T, et al., 1995. An estimate of global primary production in the ocean from satellite radiometer data[J]. Journal of Plankton Research, 17: 1245-1271.

LONGHURST A R, 2006. Ecological geography of the sea[M]. Salt Lake:Academic Press.

LUEGER H, WANNINKHOF R, OLSEN A, et al., 2008. The sea-air $CO_2$ flux in the North Atlantic estimated from satellite and Argo profiling data[J]. Atlantic Oceanographic Meteorological Laboratory.

LYZENGA D R, 1978. Passive remote-sensing techniques for mapping water depth and bottom features[J]. Applied Optics, 17: 379-383.

MAHADEVAN A, 2016. The impact of submesoscale physics on primary productivity of plankton[J]. Annual Review of Marine Science, 88: 161-184.

MAHADEVAN A, D'ASARO E, LEE C, et al., 2012. Eddy-driven stratification initiates North Atlantic Spring phytoplankton blooms[J]. Science, 337: 54-58.

MANNINO A, RUSS M E, HOOKER S B, 2008. Algorithm development and validation for satellite-derived distributions of DOC and CDOM in the US Middle Atlantic Bight[J]. Journal of Geophysical Research-Oceans, 113: doi:10.1029/2007jc004493.

MARITORENA S, SIEGEL D A, PETERSON A R, 2002. Optimization of a semianalytical ocean color model for global-scale applications[J]. Applied Optics, 41: 2705-2714.

MARRA J, TREES C C, O'REILLY J E, 2007. Phytoplankton pigment absorption: a strong predictor of primary productivity in the surface ocean[J]. Deep-Sea Research, I54: 155-163.

MARTINEZ E, ANTOINE D, D'ORTENZIO F, et al., 2009. Climate-driven basin-scale decadal oscillations of oceanic phytoplankton[J]. Science, 326: 1253-1256.

MARZEION B, TIMMERMANN A, MURTUGUDDE R, et al., 2005. Biophysical feedbacks in the tropical Pacific[J]. Journal of Climate, 18: 58-70.

MCCLAIN C R, 2009. A decade of satellite ocean color observations[J]. Annual. Review Marine Science, 1: 19-42.

MCCLAIN C R, SIGNORINI S R, CHRISTIAN J R, 2004. Subtropical gyre variability observedby ocean-color satellittes[J]. Deep-Sea Research II, 51: 281-301.

MCFEETERS S K, 1996. The use of the normalized difference water index (NDWI) in the delineation of open water features[J]. International Journal of Remote Sensing, 17: 1425-1432.

MCGARAGHAN A R, KUDELA R M, 2012. Estimating labile particulate iron concentrations in coastal waters from remote sensing data[J]. Journal of Geophysical Research-Oceans, 117: CO2004, doi:10.1029/2011JC006977.

MCGILLICUDDY D J, KOBINSON A R, SIEGEL D A, et al., 1998. Influence of mesoscale eddies on new production in the Sargasso Sea[J]. Nature, 394: 263-266.

MERTES L A K, WARRICK J A, 2001. Measuring flood output from 110 coastal watersheds in California with field measurements and SeaWiFS[J]. Geology, 29: 659-662.

MICHAELS A F, KARL D M, CAPONE D, 2001. Element stoichiometry, new production and nitrogen fixation[J]. Oceanography, 14: 68-77.

MILLER A J, ALEXANDER M A, BOER G J, et al., 2003. Potential feedbacks between Pacific Ocean ecosystems and interdecadal climate variations[J]. Bulletin of the American Meteorological Society, 84: 617-633.

MOBLEY C D, 1994. Light and water: radiative transfer in natural waters[M].Salt Lake: Academic Press.

MOBLEY C D, SUNDMAN L K, DAVIS C O, et al., 2005. Interpretation of hyperspectral remote-sensing imagery by spectrum matching and look-up tables[J]. Applied Optics, 44: 3576-3592.

MOLLERI G S F, NOVO E M L D, KAMPEL M, 2010. Space-time variability of the Amazon River plume based on satellite ocean color[J]. Continental Shelf Research, 30: 342-352.

MONTES-HUGO M A, VERNET M, SMITH R, et al., 2008. Phytoplankton size-structure on the western shelf of the Antarctic Peninsula: a remote-sensing approach[J]. International Journal of Remote Sensing, 29: 801-829.

MONTOYA J P, HOLL C M, ZEHR J P, et al., 2004. High rates of N-2 fixation by unicellular diazotrophs in the oligotrophic Pacific Ocean[J]. Nature, 430: 1027-1031.

MOORE S E, DAVIES J R, DAHLHEIM M E, 2002. Blue Whale Habitat Associations in the Northwest Pacific: analysis of remotely-sensed data using a Geographic Information System[J]. Oceanography, 15: 20-25.

MOREL A, 1988. Optical modeling of the upper ocean in relation to its biogenous matter content (Case I waters)[J]. Journal of Geophysical Research, 93: 10749-10768.

MOREL A, 1991. Light and marine photosynthesis: a spectral model with geochemical and climatological implications[J]. Progress Oceanography, 26: 263-306.

MOREL A, MARITORENA S, 2001. Bio-optical properties of oceanic waters: a reappraisal[J]. Journal of Geophysical Research, 106: 7163-7180.

MOREL A, PRIEUR L, 1977. Analysis of variations in ocean color[J]. Limnology Oceanography, 22: 709-722.

MOUW C B, HARDMAN-MOUNTFORD N J, ALVAIN S, et al., 2017. A consumer's guide to satellite remote sensing of multiple phytoplankton groups in the global ocean[J]. Frontiers in Marine Science, 4: doi:10.3389/fmars.2017.00041.

MUELLER J L, 2000. SeaWiFS algorithm for the diffuse attenuation coefficient, K(490), using water-leaving radiances at 490 and 555 nm[M]// HOOKER S B. SeaWiFS postlaunch calibration and validation analyses, Part 3. NASA Goddard Space Flight Centre, Green belt, MD., pp.24-27.

MURTUGUDDE R, BEAUCHAMP J, MCCLAIN C R, et al., 2002. Effects of penetrative radiation on the upper tropical ocean circulation[J]. Journal of Climate, 15: 470-486.

NAIR A, SATHYENDRANATH S, PLATT T, et al., 2008. Remote sensing of phytoplankton functional types[J]. Remote Sensing of Environment, 112: 3366-3375.

NAKAMOTO S, KUMAR S P, OBERHUBER J M, et al., 2001. Response of the equatorial Pacific to chlorophyll pigment in a mixed layer isopycnal ocean general circulation model[J]. Geophysical Research Letters, 28: 2021-2024.

NAKAMOTO S, KUMAR S P, OBERHUBER J M, et al., 2000. Chlorophyll modulation of sea surface temperature in the Arabian Sea in a mixed-layer isopycnal general circulation model[J]. Geophysical Research Letters, 27: 747-750.

NATVIK L J, EVENSEN G, 2003. Assimilation of ocean colour data into a biochemical model of the North Atlantic Part 1. data assimilation experiments[J]. Journal of Marine Systems, 40-41: 127-153.

NAYAK S, SOLANKI H U, DWIVEDI R M, 2003. Utilization of IRS P4 ocean colour data for potential fishing zone—a cost benefit analysis[J]. Indian Journal of Marine Sciences, 32: 244-248.

NELSON N B, SIEGEL D A, 2002. Chromophoric DOM in the open ocean[M]//HANSELL D A, CARLSON C A. Biogeochemistry of marine dissolved organic matter. Amsteldam: Elsevier Science (USA).

O'REILLY J E, MARITORENA S, MITCHELL B G, et al., 1998. Ocean color chlorophyll algorithms for SeaWiFS[J]. Journal Geophysical Research, 103: 24937-24953.

ODERMATT D, GITELSON A, BRANDO V E, et al., 2012. Review of constituent retrieval in optically deep and complex waters from satellite imagery[J]. Remote Sensing of Environment, 118: 116-126.

OLMANSON L G, BAUER M E, BREZONIK P L, 2008. A 20-year Landsat water clarity census of Minnesota's 10,000 lakes[J]. Remote Sensing of Environment, 112: 4086-4097.

ONO T, SAINO T, KURITA N, et al., 2004. Basin-scale extrapolation of shipboard $pCO_2$ data by using satellite SST and Ch1a[J]. International Journal of Remote Sensing, 25: 3803-3815.

PALACIOS D M, 2010. GalCet2K: a line-transect survey for cetaceans across an environmental gradient off the Galápagos Islands[R]. 5-19 April 2000. Lantiquité Classique 61.

PAN D L, LIU Q, BAI Y, 2014. Review and suggestions for estimating particulate organic carbon and dissolved organic carbon inventories in the ocean using remote sensing data[J]. Acta Oceanologica Sinica, 33: 1-10.

PAN X, WONG G T F, HO T Y, et al., 2013. Remote sensing of picophytoplankton distribution in the northern South China Sea[J]. Remote Sensing of Environment, 128: 162-175.

PAN X J, WONG G T F, HO T Y, et al., 2018. Remote sensing of surface [nitrite plus nitrate] in river-influenced shelf-seas: the northern South China Sea Shelf-sea[J]. Remote Sensing of Environment, 210: 1-11.

PERRY M J, 1986. Assessing marine primary productiofronm space[J]. Bioscience, 36: 461-467.

PITCHER G C, BERNARD S, NTU J, 2008. Contrasting bays and red tides in the southern benguela upwelling system[J]. Oceanography, 21: 82-91.

PITCHER G C, WEEKS S J, 2006. The variability and potential for prediction of harmful algal blooms in the southern Benguela ecosystem[M]//SHANNON V, HEMPEL G, MALANOTTE-RIZZOLI P, et al. Large marine ecosystems. Amsteldam: Elsevier.

PLATT T FUENTES-YACO C, FRANK K T, 2003. Spring algal bloom and larval fish survival[J]. Nature, 423: 398-399.

PLATT T, SATHYENDRANATH S, 1988. Oceanic primary production: estimation by remote sensing at local and regional scales[J]. Science, 241: 1613-1620.

PLATT T, SATHYENDRANATH S, 1993. Estimators of primary production for interpretation of remotely-sensed data on ocean color[J]. Journal of Geophysical Research-Oceans, 98: 14561-14576.

PLATT T, SATHYENDRANATH S, 1999. Spatial structure of pelagic ecosystem processes in the global ocean[J]. Ecosystems, 2: 384-394.

PLATT T, SATHYENDRANATH S, 2008. Ecological indicators for the pelagic zone of the ocean from remote sensing[J]. Remote Sensing of Environment, 112: 3426-3436.

PLATT T, SATHYENDRANATH S, FORGET M, et al., 2008. Operational estimation of primary production at large geographical scales[J]. Remote Sensing of Environment, 112: 3437-3448.

POLCYN F C, BROWN W L, SATTINGER I J, 1970. The measurement of water depth by remote-sensing techniques[M]. Michigan: University of Michigan.

POLOVINA J J, BALAZS G H, HOWELL E A, et al., 2004. Forage and migration habitat of loggerhead (Caretta caretta) and olive ridley (Lepidochelys olivacea) sea turtles in the central North Pacific Ocean[J]. Fisheries Oceanography, 13: 36-51.

POLOVINA J J, HOWELL E, KOBAYASHI D R, et al., 2001. The transition zone chlorophyll front, a dynamic global feature defining migration and forage habitat for marine resources[J]. Progress in Oceanography, 49: 469-483.

POLOVINA J J, HOWELL E A, ABECASSIS M, 2008. Ocean's least productive waters are expanding[J]. Geophysical Research Letters, 35: L23618, doi:10.1029/2007GL031745.

PREISENDORFER R W, 1976. Hydrologic optics vol. 1: introduction. National Technical Information Service. Also available on CD, Office of Naval Research.

PROISY C, COUTERON P, FROMARD F, 2007. Predicting and mapping mangrove biomass from canopy grain analysis using Fourier-based textural ordination of IKONOS images[J]. Remote Sensing of Environment, 109: 379-392.

QI L, HU C M, XING Q G, et al., 2016. Long-term trend of Ulva prolifera blooms in the western Yellow Sea[J]. Harmful Algae, 58: 35-44.

QIN B Q, LI W, ZHU G W, et al., 2015. Cyanobacterial bloom management through integrated monitoring and forecasting in large shallow eutrophic Lake Taihu (China)[J]. Journal of Hazardous Materials, 287: 356-363.

QUÉRÉ C L, HARRISON S P, PRENTICEY I C, et al., 2005. Ecosystem dynamics based on plankton functional types for global ocean biogeochemistry models[J]. Global Change Biology, 11: 2016-2040.

RACAULT M F, SATHYENDRANATH S, BREWIN R J W, et al., 2017a. Impact of El Niño variability on oceanic phytoplankton[J]. Frontiers in marine Science, 4: doi:10.3389/fmars.2017.00133.

RACAULT M F, SATHYENDRANATH S, MENON N, et al., 2017b. Phenological responses to ENSO in the global oceans[J]. Surveys in Geophysics, 38: 277-293.

REIGSTAD M, RISER C W, WASSMANN P, et al., 2008. Vertical export of particulate organic carbon: attenuation, composition and loss rates in the northern Barents Sea[J]. Deep-Sea Research Part Ii-Topical Studies in Oceanography, 55: 2308-2319.

RESPLANDY L, VIALARD J, LEVY M, et al., 2009. Seasonal and intraseasonal biogeochemical variability in the thermocline ridge of the southern tropical Indian Ocean[J]. Journal of Geophysical Research-Oceans, 114: doi:10.1029/2008JC005246.

ROUSSEAUX C S, GREGG W W, 2015. Recent decadal trends in global phytoplankton composition[J]. Global Biogeochemical Cycles, 29: 1674-1688.

SABA V S, FRIEDRICHS M A M, ANTOINE D, et al., 2011. An evaluation of ocean color model estimates of marine primary productivity in coastal and pelagic regions across the globe[J]. Biogeosciences, 8: 489-503.

SABA V S, FRIEDRICHS M A M, CARR M E, at al., 2010. Challenges of modeling depthintegrated marine primary productivity over multiple decades: a case study at BATS and HOT[J]. Global Biogeochemical Cycles, 24: GB3020, doi:3010.1029/2009GB003655.

SADEGHIA A, DINTERA T, VOUNTASA M, et al., 2011. Improvements to the PhytoDOAS method for identication of major phytoplankton groups using hyper-spectral satellite data.

SANDIDGE J C, HOLYER R J, 1998. Coastal bathymetry from hyperspectral observations of water radiance[J]. Remote Sensing of Environment, 65: 341-352.

Sarma V V S S, SAINO T, SASAOKA K, et al., 2006. Basin-scale $pCO_2$ distribution using satellite sea surface temperature, Chla, and climatological salinity in the North Pacific in spring and summer[J]. Global Biogeochemical Cycles, 20: doi:10.1029/2005GB002594.

SATHYENDRANATH S, GOUVEIA A D, SHETYE S R, et al., 1991. Biological control of surface temperature in the Arabian Sea[J]. Nature, 349: doi:10.1038/349054a0.

SATHYENDRANATH S, PRIEUR L, MOREL A, 1989. A three-component model of ocean colour and its application to remote sensing of phytoplankton pigments in coastal waters[J]. International Journal of Remote Sensing, 10: 1373-1394.

SHANG S L, DONG Q, HU C M, et al., 2014a. On the consistency of MODIS chlorophyll products in the northern South China Sea[J]. Biogeosciences, 11: 269-280.

SHANG S, WU J, HUANG B, et al., 2014b. A new approach to discriminate dinoflagellate from diatom blooms from space in the East China Sea[J]. Journal of Geophysical Resesearch, 119: 4653-4668.

SHANG S L, DONG Q, LEE Z P, et al., 2011. MODIS observed phytoplankton dynamics in the Taiwan Strait: an absorption-based analysis[J]. Biogeosciences, 8: 841-850.

SHANG S L, LI L, SW F Q, et al., 2008. Changes of temperature and bio-optical properties in the South China Sea in response to Typhoon Lingling, 2001[J]. Geophysical Research Letters, 35: doi:10.1029/2008GL33502.

SHELL K, FROUIN R, IACOBELLIS S F, et al., 2001. Influence of phytoplankton on climate [C]. Proc. 12th AMS Symposium on "Global Change and Climate Variations", 247-250.

SHELL K M, FROUIN R, NAKAMOTO S, et al., 2003. Atmospheric response to solar radiation absorbed by phytoplankton[J]. Journal of Geophysical Research-Atmospheres, 108: doi:10.1029/2003jd003440.

SHEN F, VERHOEF W, ZHOU Y, et al., 2010. Satellite estimates of wide-range suspended sediment concentrations in Changjiang (Yangtze) estuary using MERIS data[J]. Estuaries and Coasts, 33: 1420-1429.

SHERMAN K, SISCENWINE M, CHRISTENSEN V, et al., 2005. A global movement toward an ecosystem approach to management of marine resources[J]. Marine Ecology Progress Series, 300: 275-279.

SHI K, ZHANG Y L, LIU X H, et al., 2014. Remote sensing of diffuse attenuation coefficient of photosynthetically active radiation in Lake Taihu using MERIS data[J]. Remote Sensing of Environment, 140: 365-377.

SHI W, WANG M, 2007. Observations of a Hurricane Katrina-induced phytoplankton bloom in the Gulf of Mexico[J]. Geophysical Research Letters, 34: L11607, doi:11610.11029/12007GL11029.

SIEGEL D A, BUESSELER K O, DONEY S C, et al., 2014. Global assessment of ocean carbon export by combining satellite observations and food-web models[J]. Global Biogeochemical Cycles, 28: 181-196.

SIGNORINI S R, FRANZ B A, MCCLAIN C R, 2015. Chlorophyll variability in the oligotrophic gyres: mechanisms, seasonality and trends[J]. Frontiers in Marine Science, 2: doi:10.3389/fmars.2015.00001.

SIGNORINI S R, MCCLAIN C R, 2012. Subtropical gyre variability as seen from satellites[J]. Remote Sensing Letters, 3: 471-479.

SILVA T S F, COSTA M P F, MELACK J M, et al., 2008. Remote sensing of aquatic vegetation: theory and applications[J]. Environmental Monitoring and Assessment, 140: 131-145.

SMETACEK V, PASSOW U, 1990. Spring bloom initiation and Sverdrup's critical-depth model[J]. Limnology and Oceanography, 35: 228-234, doi:210.4319/lo.1990.4335.4311.0228.

SOLANKI H U, DWIVEDI R M, NAYAK S R, et al., 2003. Fishery forecast using OCM chlorophyll concentration and AVHRR SST: validation results off Gujarat coast, India[J]. International Journal of Remote Sensing, 24: 3691-3699.

SOMMER U, LEWANDOWSKA A, 2011. Climate change and the phytoplankton spring bloom: warming and overwintering zooplankton have similar effects on phytoplankton[J]. Global Change Biology, 17: 154-162.

SON Y B, CHOI B J, KIM Y H, et al., 2015. Tracing floating green algae blooms in the Yellow Sea and the East China Sea using GOCI satellite data and Lagrangian transport simulations[J]. Remote Sensing of Environment, 156: 21-33.

SONG X L, BAI Y, CAI W J, et al., 2016. Remote sensing of sea surface pCO$_2$ in the Bering Sea in Summer based on a mechanistic semi-analytical algorithm (MeSAA)[J]. Remote Sensing, 8: 558.

STRAMSKA M, 2009. Particulate organic carbon in the global ocean derived from SeaWiFS ocean color[J]. Deep-Sea Research Part I-Oceanographic Research Papers, 56: 1459-1470.

Stramski D, REYNOLDS R A, BABIN M, et al., 2007. Relationships between the surface concentration of particulate organic carbon and optical properties in the eastern Atlantic Ocean[J]. Biogeosciences, 4: 3453-3530.

Stramski D, REYNOLDS R A, BABIN M, et al., 2008. Relationships between the surface concentration of particulate organic carbon and optical properties in the eastern South Pacific and eastern Atlantic Oceans[J]. Biogeosciences, 5: 171-201.

STRAMSKI D, REYNOLDS R A, KAHRU M, et al., 1999. Estimation of particulate organic carbon in the ocean from satellite remote sensing[J]. Science, 285: 239-242.

STRONG A E, BARRIENTOS C S, DUDA C, et al., 1997. Improved satellite techniques for monitoring coral reef bleaching[J]. Coral Reef: doi:10.1007/BF00303779.

STUMPF R P, 2001. Applications of satellite ocean color sensors for monitoring and predicting harmful algal blooms[J]. Human and Ecological Risk Assessment, 7: 1363-1368. doi:1310.1080/20018091095050.

STUMPF R P, CULVER M E, TESTER P A, et al., 2003. Monitoring *Karenia brevis* blooms in the Gulf of Mexico using satellite ocean color imagery and other data[J]. Harmful Algae, 2: 147-160.

SUBRAHMANYAM B, UEYOSHI K, MORRISON J M, 2008. Sensitivity of the Indian Ocean circulation to phytoplankton forcing using an ocean model[J]. Remote Sensing of Environment, 112: 1488-1496.

SUBRAMANIAM A, BROWN C W, HOOD R R, et al., 2002. Detecting trichodesmium blooms in SeaWiFS imagery[J].

Deep-Sea Research II, 49: 107-121.

SUBRAMANIAM A, CARPENTER E J, FALKOWSKI P G, 1999. Bio-optical properties of the marine diazotrophic cyanobacteria Trichodesmium spp. II. A reflectance model for remote sensing[J]. Limnology and Oceanography, 44: 618-627.

SUN S J, HU C M, TUNNEL J W, 2015. Surface oil footprint and trajectory of the Ixtoc-I oil spill determined from Landsat/ MSS and CZCS observations[J]. Marine Pollution Bulletin, 101: 632-641.

SVERDRUP H U, 1953. On conditions for the vernal blooming of phytoplankton[J]. Journal Du Conseil International Pour Lexploration De La Mer, 18: 287-295.

TAKAHASHI T, SUTHERLAND S C, WANNINKHOF R, et al., 2009. Climatological mean and decadal change in surface ocean pCO(2), and net sea-air $CO_2$ flux over the global oceans[J]. Deep-Sea Research Part Ii-Topical Studies in Oceanography, 56: 554-577.

TAO B, MAO Z, LEI H, et al., 2015. A novel method for discriminating Prorocentrum donghaiense from diatom blooms in the East China Sea using MODIS measurements[J]. Remote Sensing of Environment, 158: 267-280.

TAYLOR J R, FERRARI R, 2011. Ocean fronts trigger high latitude phytoplankton blooms[J]. Geophysical Research Letters, 38: L23601, doi:10.1029/2011GL049312.

TEODORO A C, GONCALVES H, VELOSO-GOMES F, et al., 2009. Modeling of the Douro River Plume size, obtained through image segmentation of MERIS data[J]. IEEE Geoscience and Remote Sensing Letters, 6: 87-91.

THIEMANN S, KAUFMANN H, 2000. Determination of chlorophyll content and trophic state of lakes using field spectrometer and IRS-1C satellite data in the Mecklenburg lake district, Germany[J]. Remote Sensing of Environment, 73: 227-235.

THUILLER W, 2007. Biodiversity-climate change and the ecologist[J]. Nature, 448: 550-552.

TIMMERMANN A, JIN F F, 2002. Phytoplankton influences on tropical climate[J]. Geophysical Research Letters, 29: doi:10.1029/2002gl015434.

TOMLINSON M C, STUMPF R P, RANSIBRAHMANAKUL V, et al., 2004. Evaluation of the use of SeaWiFS imagery for detecting Karenia brevis harmful algal blooms in the eastern Gulf of Mexico[J]. Remote Sensing of Environment, 91: 293-303.

TURNER R K, ADGER W N, LORENZONI I, 1998. Towards integrated modelling and analysis in coastal zones: principles and practices[J]. LOICZ Reports and Studies, 11: 122 .

TYNAN C T, 1998. Coherence between whale distributions, chlorophyll concentration, and oceanographic conditions on the southeast Bering Sea shelf during a coccolithophore bloom, July-August, 1997[J]. Eos transactions American Geophysical Union, 79:127.

UEYAMA R, MONGER B C, 2005. Wind-induced modulation of seasonal phytoplankton blooms in the North Atlantic derived from satellite observations[J]. Limnology and Oceanography, 50: 1820-1829.

UEYOSHI K, FROUIN R, NAKAMOTO S, et al., 2005. Sensitivity of equatorial Pacific Ocean circulation to solar radiation absorbed by phytoplankton[R]// FROUIN R J, BABIN, M, SATHYENDRANATH S. Remote sensing of the coastal oceanic environment. SPIE Proceedings, 5585.

UITZ J, CLAUSTRE H, GENTILI B, et al., 2010. Phytoplankton class-specific primary production in the world's oceans: seasonal and interannual variability from satellite observations[J]. Global Biogeochemical Cycles, 24: doi:10.1029/2009GB003680.

UITZ J, CLAUSTRE H, MOREL A, et al., 2006. Vertical distribution of phytoplankton communities in open ocean: an assessment based on surface chlorophyll[J]. Journal of Geophysical Research, 111: C08005, doi:08010.01029/02005JC003207.

VALIELA I, BOWEN J L, YORK J K, 2001. Mangrove forests: one of the world's threatened major tropical environments[J].

Bioscience, 51: 807-815.

VILLAREAL T A, 1992. Marine nitrogen-fixing diatom-cyanobacteria symbioses[M]// CARPENTER E J. Marine pelagic cyanobacteria: trichodesmium and other diazotrophs. Amstedam: Kluwer Academic Press, 163-175.

VILLAREAL T A, CARPENTER E J, 1989. Nitrogen fixation, suspension characteristics, and chemical composition of Rhizosolenia Mats in the central North Pacific Gyre[J]. Biological Oceanography, 6: 327-345.

VODACEK A, BLOUGH N, DEGRANDPRE M, et al., 1997. Seasonal variation of CDOM and DOC in the Middle Atlantic Bight: terrestrial inputs and photooxidation[J]. Limnology and oceanography, 42: 674-686.

VOLLENWEIDER R A, GIOVANARDI F, MONTANARI G, et al., 1998. Characterization of the trophic conditions of marine coastal waters with special reference to the NW Adriatic Sea: proposal for a trophic scale, turbidity and generalized water quality index[J]. Environmetrics, 9: 329-357.

WALISER D E, MURTUGUDDE R, STRUTTON P, et al., 2005. Subseasonal organization of ocean chlorophyll: prospects for prediction based on the madden-julian oscillation[J]. Geophysical Research Letters, 32: doi:10.1029/2005gl024300.

WALKER N D, RABALAIS N N, 2006. Relationships among satellite chlorophyll a, river inputs, and hypoxia on the Louisiana Continental Shelf, Gulf of Mexico[J]. Estuaries and Coasts, 29: 1081-1093.

WANG G Q, LEE Z P, MISHRA M, et al., 2016. Retrieving absorption coefficients of multiple phytoplankton pigments from hyperspectral remote sensing reflectance[J]. Limnology and Oceanography: Methods, doi:10.1002/lom1003.10102.

WANG S, LI J S, ZHANG B, et al., 2018. Trophic state assessment of global inland waters using a MODIS-derived Forel-Ule index[J]. Remote Sensing of Environment, 217: 444-460.

WANNINKHOF, R, ASHER W E, HO D T, et al., 2009. Advances in quantifying air-sea gas exchange and environmental forcing[J]. Annual Review of Marine Science, 1: 213-244.

WANNINKHOF R, OLSEN A, Triñanes J, 2007. Air-sea $CO_2$ fluxes in the caribbean sea from 2002–2004[J]. Journal of Marine Systems, 66: 272-284.

WARE D M, THOMSON R E, 2005. Bottom-up ecosystem trophic dynamics determine fish production in the northeast Pacific[J]. Science, 308: 1280-1284.

WATSON R, PAULY D, 2001. Systematic distortions in world fisheries catch trends[J]. Nature, 414: 534-536.

WEBSTER, P J, HOLLAND G J, CURRY J A, et al., 2005. Changes in tropical cyclone number, duration, and intensity in a warming environment[J]. Science, 309: 1844-1846.

WESTBERRY T, BEHRENFELD M J, SIEGEL D A, et al., 2008. Carbon-based primary productivity modeling with vertically resolved photoacclimation[J]. Global Biogeochemical Cycles, 22: doi:10.1029/2007GB003078.

WESTBERRY T K, SIEGEL D A, SUBRAMANIAM A, 2005. An improved bio-optical model for the remote sensing of Trichodesmium spp. blooms[J]. Journal of Geophysical Research, 110: C06012, doi:06010.01029/02004JC002517.

WILSON C, 2003. Late Summer chlorophyll blooms in the oligotrophic North Pacific Subtropical Gyre[J]. Geophysical Research Letters, 30: 1942, doi:1910.1029/2003GL017770.

WILSON C, ADAMEC D, 2001. Correlations between surface chlorophyll and sea surface height in the tropical Pacific during the 1997-1999 El Nino-Southern Oscillation event[J]. Journal of Geophysical Research-Oceans, 106: 31175-31188.

WILSON C, VILLAREAL T A, MAXIMENKO N, et al., 2008. Biological and physical forcings of late summer chlorophyll blooms at 30°N in the oligotrophic Pacific[J]. Journal of Marine Systems, 69: 164-176.

WILSON T W, LADINO L A, ALPERT P A, et al., 2015. A marine biogenic source of atmospheric ice-nucleating particles[J]. Nature, 525: 234-238.

WILTSHIRE K H, MANLY B F J, 2004. The warming trend at Helgoland Roads, North Sea: phytoplankton response[J]. Helgoland Marine Research, 58: 269-273.

WOODS J D, BARKMANN W, HORCH A, 1984. Solar heating of the oceans-diurnal, seasonal and meridional variation[J]

Quarterly Journal of the Royal Meteorological Society, 110: 633-656.

XING Q G, HU C M, TANG D L, et al., 2015. World's largest macroalgal blooms altered phytoplankton biomass in summer in the Yellow Sea: satellite observations[J]. Remote Sensing, 7: 12297.

XIU P, CHAI F, 2011. Modeled biogeochemical responses to mesoscale eddies in the South China Sea[J]. Journal of Geophysical Research-Oceans, 116: doi:10.1029/2010JC006800.

XU H Q, 2006. Modification of normalised difference water index (NDWI) to enhance open water features in remotely sensed imagery[J]. International Journal of Remote Sensing, 27: 3025-3033.

YANG D, YIN X, ZHOU L, 2018. Seagrass distribution changes in Swan Lake from 1979 to 2009 with satellite remote sensing and reasons analyzing[J]. Satellite Oceanography and Meteorology, 3: 301-312.

YANG G, MA Y, REN G, et al., 2016. High resolution remote sensing classification of coral reef substrate, base on SVM—Taken XiSha Zhaoshu island as an example[C]. IEEE International Geoscience and Remote Sensing Symposium, doi:10.1029//IGARSS.2016.7729191.

YENTSCH C S, PHINNEY D A, 1989. A bridge between ocean optics and microbial ecology[J]. Limnology and Oceanography, 34: 1694-1705.

YODER J A, KENNELLY M A, DONEY S C, et al., 2010. Are trends in SeaWiFS chlorophyll time-series unusual relative to historic variability[J]. Acta Oceanologica Sinica, 29: 1-4.

YOOL A, FASHAM M J R, 2001. An examination of the "continental shelf pump" in an open ocean general circulation model[J]. Global Biogeochemical Cycles, 15: 831-844.

ZAINUDDIN M, SAITOH S, SAITOH K, 2004. Detection of potential fishing ground for albacore tuna using synoptic measurements of ocean color and thermal remote sensing in the northwestern North Pacific[J]. Geophysical Research Letters, 31: doi:10.1029/2004GL021000.

ZEHR J P, WATERBURY J B, TURNER P J, et al., 2001. Unicellular cyanobacteria fix N-2 in the subtropical North Pacific Ocean[J]. Nature, 412: 635-638.

ZHANG F, BAI Y, 2018. A distributed space-time data model and online analyst system for marine environmental research[J]. Journal of Global Change Data and Discovery, 2: 283-296.

ZHANG Y L, SHI K, ZHOU Y Q, et al., 2016. Monitoring the river plume induced by heavy rainfall events in large, shallow, Lake Taihu using MODIS 250 m imagery[J]. Remote Sensing of Environment, 173: 109-121.

ZHAO D L, XIE L A, 2010. A practical bi-parameter formula of gas transfer velocity depending on wave states[J]. Journal of Oceanography, 66: 663-671.

ZHAO H, TANG D L, WANG D, 2009. Phytoplankton blooms near the Pearl River Estuary induced by Typhoon Nuri[J]. Journal of Geophysical Research: Oceans, 114: C12027, doi:12010.11029/12009JC005384.

ZHOU K, DAI M H, KAO S J, et al., 2013. Apparent enhancement of 234 Th-based particle export associated with anticyclonic eddies[J]. Earth Planetary Sciences Letters, 381: 198-209.

ZHU Y, SHANG S L, ZHAI W D, et al., 2009. Satellite-derived surface water $pCO_2$ and air-sea $CO_2$ fluxes in the northern South China Sea in summer[J]. Progress in Natural Science-Materials International, 19: 775-779.

曹杰, 陈新军, 刘必林, 等, 2010. 鱿鱼类资源量变化与海洋环境关系的研究进展 [J]. 上海海洋大学学报, 19: 232-239.

曹庆先, 2017. 基于遥感影像的红树林虫害监测模型 [J]. 广西科学, 24: 144-149.

陈楚群, 施平, 2001. 应用水色卫星遥感技术估算珠江口海域溶解有机碳浓度 [J]. 环境科学学报, 21: 715-719.

丁潇蕾, 李云梅, 吕恒, 等. 2018. 城市黑臭水体的吸收特性分析 [J]. 环境科学, 39: 4519-4529, doi: 4510.13227/j.hjkx.201802014.

董双林, 2011. 高效低碳——中国水产养殖业发展的必由之路 [J]. 水产学报, 35: 1595-1600.

官文江, 陈新军, 高峰, 等, 2013. 东海南部海洋净初级生产力与鲐鱼资源量变动关系的研究 [J]. 海洋学报, 35: 121-127.

官文江，高峰，陈新军，2017. 卫星遥感在海洋渔业资源开发、管理与保护中的应用 [J]. 上海海洋大学学报，26: 440-449.

梁浩，马毅，任广波，2016. 泰国克拉地峡东西海岸带红树林变化遥感分析 [J]. 海洋环境科学，35: 725-731.

梁强，2002. 基于遥感的东海中上层鱼类资源评估的研究 [D]. 北京：中国科学院研究生院.

陆应诚，胡传民，孙绍杰，等，2016. 海洋溢油与烃渗漏的光学遥感研究进展 [J]. 遥感学报，20: 1259-1269.

潘德炉，刘琼，白雁，2012. DOC 遥感研究进展——基于全球大河 DOC 与 CDOM 保守性特征 [J]. 海洋学报，34: 1-11.

潘艳丽，唐丹玲，2009. 卫星遥感珊瑚礁白化概述 [J]. 生态学报，29: 5076-5080.

申茜，朱利，曹红业，2017. 城市黑臭水体遥感监测与筛查研究进展 [J]. 应用生态学报，28: 3433-3439, doi:3410.13287/j.11001-19332.201710.201033.

魏广恩，陈新军，2016. 北太平洋柔鱼（*Ommastrephes bartramii*）资源渔场研究进展 [J]. 广东海洋大学学报，36: 114-122.

温爽，王桥，李云梅，等，2018. 基于高分影像的城市黑臭水体遥感识别：以南京为例 [J]. 环境科学，39: 57-67, doi:10.13227/j.hjkx.201703264.

吴培强，张杰，马毅，等，2013. 近 20a 来我国红树林资源变化遥感监测与分析 [J]. 海洋科学进展，31: 406-414.

徐源璟，张增祥，汪潇，等，2014. 近 30 年山东省沿海养殖用地遥感监测分析 [J]. 地球信息科学学报，16: 482-489.

杨顶田，2007. 海草的卫星遥感研究进展 [J]. 热带海洋学报，26: 82-86.

姚云长，任春颖，王宗明，等，2016. 1985 年和 2010 年中国沿海盐田和养殖池遥感监测 [J]. 湿地科学，14: 874-882.

余为，陈新军，2017. 东南太平洋秘鲁海域光合有效辐射对茎柔鱼资源丰度和空间分布的影响研究 [J]. 海洋学报，39: 97-105.

余为，陈新军，易倩，2016. 西北太平洋海洋净初级生产力与柔鱼资源量变动关系的研究 [J]. 海洋学报，38: 64-72.

张运林，黄群芳，马荣华，等，2005. 基于反射率的太湖典型湖区溶解性有机碳的反演 [J]. 地球科学进展，20: 72-77.

邹景忠，董丽萍，秦保平，1983. 渤海湾富营养化和赤潮问题的初步探讨 [J]. 海洋环境科学，4: 45-58.

# 后　记

　　在潘德炉院士、刘智深教授、贺明霞教授等老一辈科学家的艰苦开拓和辛勤耕耘下，我国的海洋光学、水色遥感实现了从无到有，在理论、算法、水色卫星的发射和运行以及遥感产品为海洋学和社会服务上都取得了丰硕的成果。相较于二三十年前，学习、研究水色的人员有了数量级上的增加；科学论文在国际同行领域也占据重要份额，为推进水色学的发展贡献了中国声音和智慧。同时，我们也看到，由于发展的阶段性，相比于其他传统海洋学科，水色学的认知度、影响力还有较大的提升空间。基于此认识，为了扩大水色学的影响，以期进一步促进该学科的发展，本人在 2018 年 1 月发起编写《水色学概览》的倡议，得到白雁、崔廷伟、冯炼、乐成峰、潘晓驹、商少凌、唐军武、邢小罡、修鹏和张运林的热烈响应，遂组成编写组，以 IOCCG Report #7 为基础，对水色学的内涵、外延重新进行了梳理，在内容的安排和组织上也进行了改动，并纳入了一些新近的研究成果。在过去的一年里，编写组对《水色学概览》的结构、内容进行了多次讨论，对文字进行了多轮修改，最终通过翻译和撰写形成这一既包括水色学基本概念、方法，又展示水色遥感产品多方面价值的图书。水色学既是基础学科，又是技术学科，同时也是重要的应用学科，其与我们赖以生存的水环境有着千丝万缕的联系。我们希望通过该图书能够让更多的朋友、同仁比较迅速地认知水色学的全貌。同时，借此抛砖引玉，希望在可期的未来，各位同仁围绕水色学的各个方向撰写详尽精深的专业书籍，促进水色学的发展。翻译、撰写过程中，编写组同仁牺牲了很多的周末及节假日时间，本人对他(她)们的辛苦付出表示衷心的感谢！同时，厦门大学谢聿原、相琳、吴静汇、武秀玲、刘童童、汪永超等也提供了多方面的支持，谨此一并致谢！

李忠平

2018 年 12 月